Die Welt aus Katzensicht

Attacke!

Diesen Satz nennt man Mäuselsprung. Wenn nach geduldigem Warten die Maus endlich auftaucht, macht die Katze einen Sprung durch die Luft und packt das Beutetier mit ausgefahrenen Krallen. Diese hier übt noch mit ihrem toten Vogel.

Gerechte Arbeitsteilung

Während Frauchen am Computer sitzt und Katzenfutter verdient, übernimmt die Katze den Entspannungspart. Denn Katzen sind wahre Langschläfer – bis zu 20 Stunden täglich. Dabei verstehen sie, sich dekorativ in der Sonne zu rekeln oder wie hingegossen auf dem Sofa zu schlummern.

Duftbotschaften

Gerüche haben den Vorteil, dass sie noch lang erhalten bleiben, auch nachdem die Miez schon weitergezogen ist. Mit Urin zum Beispiel, kann man Reviergrenzen abstecken, sagen, wer man ist und was man will, ohne dass man den anderen treffen muss. Katzen-Graffiti sozusagen.

Alles meins!

Doch nicht nur Urin hilft, um sich zu verewigen. Katzen reiben ihr Kinn und ihre Wangen an allem, was für sie wichtig ist: Markante Revierpunkte, Stühle, Menschen. Dabei übertragen sie vertraute Gerüche aus ihren Duftdrüsen und erkennen es bei erneuter Begegnung als das Ihre wieder.

Ich bin die Größte!

Dieser Zwerg macht sich ganz schön groß! Und das ist auch Sinn des Katzenbuckels. Der Rücken wird aufgewölbt, die Beine durchgestreckt und das Fell gesträubt. So will das Kätzchen riesig erscheinen, auch wenn es sich seiner Sache nicht ganz so sicher ist.

Geh mir aus dem Weg!

Vorsicht, schlechte Laune! Die Schnurrhaare aufgefächert, die Augen zu schmalen Schlitzen verengt, ein Ohr nach hinten gedreht. Mit ihr ist gerade nicht zu spaßen. Nähert sich Mensch, Hund oder Artgenosse unbedarft, kann es Hiebe setzen.

Eingraviert

Last but not least ist auch das Krallenwetzen eine eindeutige Botschaft: „Ich war
hier!" Denn beim Wetzen werden nicht nur
die Krallen geschärft, sondern eindeutige
Signale hinterlassen, optische und geruch-
liche. Der Geruch der Pfoten setzt sich in
die Kratzrillen und kann sich von dort aus
langsam verteilen.

Katzenwäsche

Gründlicher als ihr Ruf: die Katzenwäsche.
Die Samtpfoten verbringen viel Zeit mit
der Körperpflege und lassen keinen Körperteil aus. Die Stellen, die sie erreichen,
„waschen" sie mit ihrer Zunge, die wie ein
Striegel funktioniert. Für den Rest nutzen
sie die abgeleckte Pfote, zum Beispiel, um
sich hinter den Ohren zu putzen.

Dicke Luft

Kleine Keilerei unter Katzen: Bei dieser
Meinungsverschiedenheit wird ordentlich
zugehauen, wobei die Liegende noch lang
nicht die Unterlegene sein muss, denn
wer auf dem Rücken liegt, hat alle vier
Pfoten frei, um kräftig auszuteilen.

Inhalt

2

3

1

Katzensprache: Was ist das?

Geheimnisse müssen sein

Auffallend individuell

Katzen sind nicht leicht zu durchschauen. So sehr man sich auch bemüht, ihr vielfältiges Verhaltensrepertoire zu entschlüsseln und nach ihren Beweggründen zu suchen, bleibt vieles von dem, was sie tun, rätselhaft. Woran das liegt? Katzen sind ausgeprägte Individualisten. Was die eine schätzt, braucht der anderen längst nicht zu gefallen. Und was die eine mit stoischer Gelassenheit toleriert, stößt der nächsten sauer auf und wird sofort mit Fauchen und einem Pfotenhieb quittiert.

Geliebte Ungebundenheit

Doch das ist es nicht allein: Die schnurrenden Samtpfötchen sind viel zu clever, uns Zweibeinern Einblick in die Details ihres Inneren zu gewähren und uns jede miezentypische Kleinigkeit preiszugeben. Womöglich könnte sie das abhängig machen; und das ist das Letzte, was Katzen wollen. Ihre Unabhängigkeit scheint ihnen heilig zu sein. So ernüchternd es klingen mag: Ihre eigenen Ziele zu verfolgen, ist Katzen weitaus wichtiger, als uns tagein tagaus zu Gefallen zu sein.

Katzen sind echte Freigeister: Sie fügen sich in keine feste Struktur ein; sie kommen und gehen, wann es ihnen beliebt. Ihre auch?

Genau dafür lieben wir sie, denn was gibt es Schöneres, als eine Katze, die freiwillig kommt, auf unseren Schoß springt und sich dort schnurrend zusammenrollt, um gekrault zu werden?

Kleine Genießer

Ist den Samtpfoten nach liebevoller Zuwendung und einem Massage-Ründchen zumute oder haben sie auf ein Häppchen Lust – vielleicht ein aufwendig kreiertes Leber-Thunfisch-Menü –, können sie überaus charmant sein. Was bleibt einem da anderes übrig, als ihnen unverzüglich zu Diensten zu sein? Offensichtlich verstehen wir uns doch – zumindest auf diesen Gebieten.

Zwiesprache mit Zweibeinern

Vermutlich lassen sich Katzen nur wegen dieser Vorzüge auf menschliche Wesen ein und sind nur deshalb bereit, sich mit uns zu „unterhalten". Denn um unsere Gewohnheiten richtig zu erkennen, zu interpretieren und zu merken, worauf wir „abfahren", müssen Katzen ganz schön aufmerksam sein, zumal sie ganz andere Prioritäten in ihrem Leben haben und auch in einer ganz anderen Sinneswelt leben. Brauchen sie unsere Gesellschaft am Ende doch?

Was heißt schon „Miau?"

Wozu sonst hätten unsere pelzigen Hausgenossen ein solch nuancenreiches Vokabular für das Zusammenleben mit uns entwickelt? Denn gerade das „Miau" hat viele Bedeutungen und zielt oft speziell auf uns Menschen ab. Für die verbale Kommunikation mit Artgenossen verwenden Katzen meist ganz andere Laute.

Zuneigung auf Katzenart

Ihre Sprache zu verstehen ist allerdings nur ein Aspekt für ein entspanntes Zusammenleben zwischen Mensch und Miez. Ehrliches Verständnis für die Stubentiger und ihre arttypischen Eigenschaften sowie Verhaltensweisen braucht man auch. Denn wem nutzt es, wenn uns jeden Morgen der kalte Schauer über den Rücken läuft, wegen der Mäusekadaver, die sie vor unserer Haustür deponiert haben? Katzen sind nun einmal Raubtiere, eigenständig, unabhängig und auf ihr Wohl bedacht – und so verhalten sie sich auch.

Wenn Katzen schlafen

Obwohl Katzen eher in der Dämmerung aktiv sind und somit den Tag mehr oder weniger verschlafen, gibt es nicht wenige Tiere, die ihren Schlaf-Wach-Rhythmus dem des Besitzers angleichen.

Schlafmützen und Langschläfer

Katzen sind Weltmeister im Schlafen. 16 Stunden pro Tag können sie schlafend oder dösend verbringen. Ist es warm und bequem und sind die Tiere wohlgenährt und fühlen sich in ihrer Umgebung sicher und geborgen, schlafen sie sogar noch länger – bis zu 20 Stunden täglich.

Rekordverdächtig

Neugeborene Kätzchen und sehr alte Miezen hängen sogar noch einmal zwei Stunden dran, sodass deren Wachzeiten äußerst kurz sind. Bei den Kätzchen ändert sich das jedoch rasch. Denn bereits im Alter von vier Wochen haben sie die Schlafdauer der Erwachsenen erreicht.

Echte Träumer

Katzen schlafen nicht nur sehr lang, sie träumen offensichtlich auch sehr viel. Bis zu drei Stunden täglich, so hat man entdeckt, dauert ihr Traumschlaf. Alle 25 Minuten werden die sogenannten Leichtschlafphasen durch Phasen unterbrochen, in denen das Tier in einen derart tiefen Schlafzustand gerät, dass es sich so gut wie nicht mehr bewegen kann. Trotz der fehlenden Muskelspannung zucken seine Pfoten, Schnurrhaare und oft auch die Schwanzspitze. Manchmal scheint das Näschen heftig zu schnuppern. Außerdem rollt das Tier auffällig mit den Augäpfeln, was man selbst durch seine geschlossenen Lider und Nickhäute hindurch gut erkennen kann. Diesen charakteristischen schnellen Augapfelbewegungen (rapid eye movements) verdanken die Traumschlafphasen ihren Namen. Man bezeichnet diese Tiefschlafstadien nämlich auch als REM-Schlaf, sowohl bei Katzen als auch beim Menschen.

Bewegende Momente

Obwohl die Katze, während sie sich ihren Träumen hingibt, völlig immobil ist, arbeitet ihr Gehirn auf Hochtouren – gilt es doch gerade jetzt, das Erlebte zu verarbeiten und einzuordnen. Interessanterweise scheinen jene Traumphasen besonders ausgeprägt zu verlaufen, denen Aktivitätszeiten vorausgingen, die für die Mieze sehr turbulent und spannend verliefen.

Zumindest deuten die heftigeren Zuckungen im Gesicht und an den Pfoten sowie die auffallend starken Augapfelbewegungen darauf hin. Welche Träume unsere Stubentiger träumen, und welche Empfindungen diese auslösen, wird ihr Geheimnis bleiben. Leider können wir sie nicht einfach nach ihren Träumen fragen.

Katzen lieben es behaglich

Eine Katze kann überall ein kurzes Nickerchen machen. Hat sie allerdings vor, richtig zu schlafen, zieht sie sich meist an einen warmen geschützten Ort zurück. Zum einen, weil sie dort gefahrloser ihre Sinne „ausruhen" kann, und zum anderen, weil sie im Warmen keine Probleme mit ihrer Temperaturregulation bekommt. Denn während des eigentlichen Tiefschlafes kühlt sich der Katzenkörper merklich ab.

Eingerollt oder lang gestreckt?

Die Stellung, die eine Katze im Schlaf einnimmt, hängt mit der Umgebungstemperatur zusammen: Bei Temperaturen um 10 Grad kringelt sie sich ein und verbirgt den Kopf unter ihrem Körper. Sobald es wärmer wird, öffnet sie sich immer weiter, bis sie schließlich – bei Temperaturen über 20 Grad – lang gestreckt ruht. Selbst auf dem Rücken liegend, mit in die Luft gestreckten Pfötchen, schläft sie manchmal.

Gähnen – nicht nur zur Entspannung

Ist die Katze aufgewacht, reckt und streckt sie sich nach Leibeskräften, um ihre Muskeln zu dehnen und die Durchblutung anzuregen. Zunächst werden die Vorderbeine nach vorn gestreckt und durchgedrückt, inklusive Kralleneinsatz, der Rücken nach oben gewölbt, der Po in die Luft gereckt und Hinterbeine und Schwanz genüsslich gestretcht. Oft gähnt die Katze herzhaft und putzt sich anschließend, zumindest das Gesicht.

Katzen gähnen allerdings auch bei anderen Gelegenheiten, etwa, wenn sie unsicher oder unentschlossen sind. In diesem Fall dient das Gähnen dem Stressabbau.

Solch genüssliches Gähnen nach einem Nickerchen dient dem Muskelstretching.

Von wegen Katzenwäsche

Hast du dir schon einmal überlegt, wie es zu der Bezeichnung „Katzenwäsche" gekommen ist? Bestimmt hat der Wort-Erfinder die Katze nicht richtig beobachtet oder etwas falsch interpretiert, denn eine echte Katzenwäsche ist erheblich besser als ihr Ruf.

Mehrmals täglich und ausgiebig

Katzen wischen sich nach dem Aufstehen nämlich nicht einfach nur mal kurz mit dem feuchten Waschlappen übers Gesicht und fertig ist die Laube, nein, Katzen sind wesentlich gründlicher bei ihrer täglichen Reinigungsprozedur; genauer, bei ihren Reinigungsprozeduren, denn sie waschen sich – so haben Forscher ermittelt – nicht bloß einmal am Tag, sondern mehrmals, zusammengerechnet rund zwei Stunden lang. Eine beachtliche Zeit und wahrlich keine Katzenwäsche, oder?

„Ein bisschen peinlich..."

Katzen kratzen, lecken und beknabbern sich aber nicht nur zu Reinigungszwecken, sondern zum Beispiel auch, wenn sie verunsichert sind, also gewissermaßen zum Spannungsabbau, so wie wir uns am Kopf kratzen oder mit den Fingern durchs Haar fahren. Da solche Putz-Attacken, auch Übersprungshandlungen genannt, nur von kurzer Dauer sind und sehr oberflächlich ausgeführt werden, war man wohl der Meinung, Katzen wären bei der Körperpflege generell recht nachlässig.

Keine Schmuddel-kinder

Früh übt sich: Bereits im Alter von etwa drei Wochen lernen Katzen-babys ihr Fell zu pflegen, und mit gerade mal sechs Wochen beherr-schen sie dieses Verhalten perfekt.

Ganz schön gründlich

Achte mal darauf, wie gewissenhaft deine Katze ihren Körper pflegt. Du wirst unschwer erkennen können, dass sie hierbei sehr sorgfältig zu Werke geht und nahezu keine Stelle auslässt, sondern der vollendeten Reinlichkeit wegen neben der Zunge und den Krallen auch ihre Schneidezähne ein-setzt und sich dabei mit abenteuerlicher Dehn- und Streckakrobatik körperlich ge-radezu verausgabt.

Vorsicht, schwer beschäftigt

Wenn eine Katze sich putzt, erscheint sie wie der Welt entrückt, in einer Art Trance. Berührt man sie in einem solchen Moment, wird die streichelnde Hand entweder gleich mitgeputzt oder unsanft weggebissen, je nach Gemüt des Tieres.

In einer anderen Welt

Wie Katzen ihre Umgebung wahrnehmen

Ob beim Hören, Sehen, Tasten, Riechen, Schmecken oder wenn sie ihren Gleichgewichtssinn benutzen: Katzen sind uns stets einen Schritt voraus.

Kleiner Lauschangriff

Nicht nur, dass sie beispielsweise wesentlich leisere und sehr viel höhere Töne hören als wir (bis weit in den Ultraschallbereich hinein reicht ihre Leistungsfähigkeit). Sie können diese auch erheblich besser voneinander unterscheiden. Der Grund dafür: Katzenohren sind darauf spezialisiert, winzig kleine Unterschiede in der Tonhöhe und kleinste Abweichungen in der Lautstärke wahrzunehmen, und das über große Entfernungen hinweg. Und weil Katzen mit ihren imposanten Ohrmuscheln so unschlagbar gut orten können, klappt dies weitaus punktgenauer als bei uns. Auch verschiedene

Geräuschkulissen oder Klangbilder können unsere Leisetreter viel treffsicherer erkennen, selbst aus einem Stimmenwirrwarr heraus oder inmitten des größten Lärmpegels. Kein Wunder, dass sie uns so gut „lesen" und anhand unserer Stimme unsere Gemütslage vorzüglich entlarven können.

Katzenaugen

Katzen können nicht nur besser hören als wir. Auch beim Sehen stellen sie uns in den Schatten. Denn ihre Augen haben eine wesentlich höhere Licht- und Bewegungsempfindlichkeit als unsere. Allerdings sehen Katzen weniger scharf als wir, können schlechter Farben erkennen und optisch nicht so perfekt Tiefen wahrnehmen, also nicht so gut räumlich sehen – was für sie jedoch keinerlei Manko bedeutet. Denn ihnen ist die Färbung ihres Umfelds

Katzen besitzen hinter ihrer Netzhaut einen Restlichtverstärker, das Tapetum lucidum, das es ihnen ermöglicht, bei Dämmerlicht erfolgreich zu jagen. Es ist auch dafür verantwortlich, dass Katzenaugen „glühen", wenn sie nachts angestrahlt werden.

Katzen können nicht nur den dreifachen Frequenzbereich dessen abdecken, was wir hören, sie sind auch in der Lage, dreimal so laut zu hören wie wir.

Man kommt sich näher: Diese beiden miteinander vertrauten Katzen nehmen Kontakt auf, um sich anschließend gründlich zu beschnuppern und aneinander zu reiben.

vermutlich ebenso einerlei wie dessen gestochene Schärfe. Sie zählen auf ganz andere Sinnesqualitäten für die Orientierung oder etwa den Beutefang. Neben ihren akustischen und visuellen Wahrnehmungsfähigkeiten sind das die empfindsame Nase, die fantastischen Leistungen ihrer Tasthaare und ihr beispielloser Gleichgewichtssinn.

Daraus lässt sich lesen

Mit ihren Sinnesorganen können Katzen nicht nur ganz hervorragend wahrnehmen, sie nutzen sie auch, um ihren Artgenossen etwas mitzuteilen. Während eine Katze zum Beispiel akustisch ortet, nehmen ihre großen äußerst beweglichen Ohrmuscheln in rascher Folge charakteristische Stellungen ein. Anhand dieser Reaktionen ist es anderen Katzen möglich, unmissverständlich abzulesen, was ihre Artgenossin gerade im Visier hat, wie stark ihr Interesse geweckt wurde, und ob es sich lohnt, selbst mal nachzuschauen. Beobachten wir unsere Katze genau, können auch wir anhand der Stellungen und Bewegungen der Ohrmuscheln, der Vibrissen-Ausrichtung,

der Pupillenweite oder etwa der Kopfhaltung unserer Katze einiges über ihr Vorhaben und ihre Beweggründe herausfinden.

Der Blickwinkel macht's

Sicherlich gelingt selbst dem geübten Zweibeiner das „Lesen" seiner Katze nicht annähernd so gut wie ihren Artgenossen. Oft sind die Einzelaktionen zu differenziert und erfolgen zu rasch hintereinander. Das heißt, dass das menschliche Auge schlichtweg überfordert ist – und dadurch wird das Interpretieren schwierig. Es ist keine schlechte Idee, eine Digitalkamera zu Hilfe zu nehmen. Denn bei schneller Bildfolge hält sie fest, was unser unbewaffnetes Auge nicht sieht. Auch ein kleines Diktiergerät kann nützlich sein, um sich Töne und Lautfolgen ins Gedächtnis zu rufen. Damit wir am Ende auch alles begreifen, was uns unsere Katze „erzählt", und entsprechend darauf reagieren können, müssen wir uns zuerst mit ihrer Sprache und ihrem „Wortschatz" auseinandersetzen. Fangen wir mit denen an, die leicht zu entdecken und zu verstehen sind.

Katzen sind kleine Plaudertaschen

Zu einer Sprache gehört Vokabular

Oh, dieses klägliche hoch frequente „Miau-Miau" unserer geliebten Miez: Darauf reagieren wir sofort.

Körper- und Duftsprache sind bei der Katzen-Kommunikation von größerer Bedeutung als Laute. Nur mit uns Menschen „reden" sie gern, viel und abwechslungsreich.

Ob in Form von Lauten, Mimik, Berührungen, Körperhaltungen, der Bewegung bestimmter Körperteile oder durch Verhaltensabfolgen, die meist mit der Abgabe von Duftsignalen einhergehen: Katzen bedienen sich eines reichhaltigen Repertoires „sprachlicher" Elemente, mit denen sie sich mitteilen, ihre Gemütsverfassung zeigen und ihre Wünsche und Bedürfnisse ausdrücken. Diese „Sprache" setzen sie bei anderen Tieren einschließlich des Menschen ein.

Geübte Dolmetscher

Welche Vokabeln die Katze im Einzelfall verwendet, und wie erfolgreich die Informationsübermittlung ist, hängt von den Erfahrungen des Empfängers ab, aber auch von denen der Katze. Katzen, die im Umgang mit Menschen geübt sind, kommunizieren nämlich wesentlich stärker mit Lautäußerungen,

als solche, die noch keine Erfahrungen sammeln konnten, wie wenig wir in Sachen Körpersprache und olfaktorischer Wahrnehmung draufhaben. Sie lernen erst durch das Zusammenleben, wie wichtig das gesprochene Wort für Zweibeiner ist.
Dieses Ergebnis ist unabhängig von der Rassezugehörigkeit der Miezen, auch wenn sich die Katzenrassen hinsichtlich ihrer Gesprächigkeit erheblich unterscheiden.

Mit Hunden reden

Treffen sich Hund und Katze, setzt die (hundeerfahrene) Katze verstärkt nonverbale Kommunikationselemente wie Mimik und Körperhaltung ein, ähnlich wie bei ihren Artgenossen. Vierbeinern gegenüber teilen sich Katzen deutlich weniger über Lautsprache mit als uns sprachlich orientierten Menschen.

„Klick-Klack" Clickertraining — *Tipp*

Probieren Sie es doch einmal mit „Clickern", dem altbewährten Knackfrosch aus Kindertagen, und Sie werden staunen, wozu Ihre Samtpfote fähig ist. Konditionieren können Sie Ihre Miez freilich auch ganz einfach auf das Öffnen der Kühlschranktür ...

Gegenseitiges Köpfchengeben: Die junge Vizsla-Hündin weiß sich zu benehmen und erwidert den typischen Miezengruß gekonnt.

Missverständnisse und „Übersetzungsfehler"

Dennoch kommt es zwischen Hund und Katze immer wieder zu Missverständnissen. Einzelne Körpersignale können – wie zum Beispiel heftiges Schwanzwedeln oder eine erhobene Tatze – bei Hund und Katz' leider genau die gegenteilige Mitteilung beinhalten und damit beim Gegenüber bestenfalls Erstaunen hervorrufen. Mit der Zeit lernt man allerdings das zu tolerieren und versteht sich trotzdem.

Fremdsprachen lernen

Neben dem, was wir tun, richten Katzen ihr Interesse verstärkt auf das, was wir sagen und vor allem darauf, wie wir es sagen.

Selbst wenn sie den Sinn unserer Worte nicht exakt erfassen können, lernen sie, stets wiederkehrende Laute (gleiche Klangfarbe, Tonhöhe, Lautstärke vorausgesetzt) mit einem bestimmten Verhalten oder einem besonderen Objekt zu verknüpfen. Verhaltensforscher haben herausgefunden, dass Katzen in der Lage sind, 30 bis 50 Wörter zu unterscheiden und zu verstehen. Das ist eine beachtliche Leistung für einen vermeintlichen Einzelgänger, der eigentlich kein intensives soziales Interesse benötigen würde. Schon allein die Tatsache, dass eine Katze versucht, unser fremdartiges Verhalten und sogar unsere menschliche Sprache zu verstehen, zeigt, dass vielleicht doch eine starke soziale Komponente in ihr steckt.

„Iiiiiiiieh!"

Worauf Miezen besonders abfahren, sind Wörter mit „i"s, vor allem, wenn sie in hoher Stimmlage gesprochen werden. Auch auf fiepende Laute und Quietschtöne reagieren sie sofort mit gesteigerter Aufmerksamkeit. Wen wundert's, piepsen doch ihre bevorzugten Beutetiere, die Mäuse, exakt auf dieser Frequenz. Selbst mit Klick-Lauten kann man Katzen überzeugen, schnurstracks herbeizueilen, ja man kann sie sogar dazu anregen, bestimmte Verhaltensweisen auszuführen.

Noch alles offen: Geht man sich besser schnell aus dem Weg oder nimmt man sich doch noch aufs Korn? Das gegenseitige Fixieren verheißt nichts Gutes…

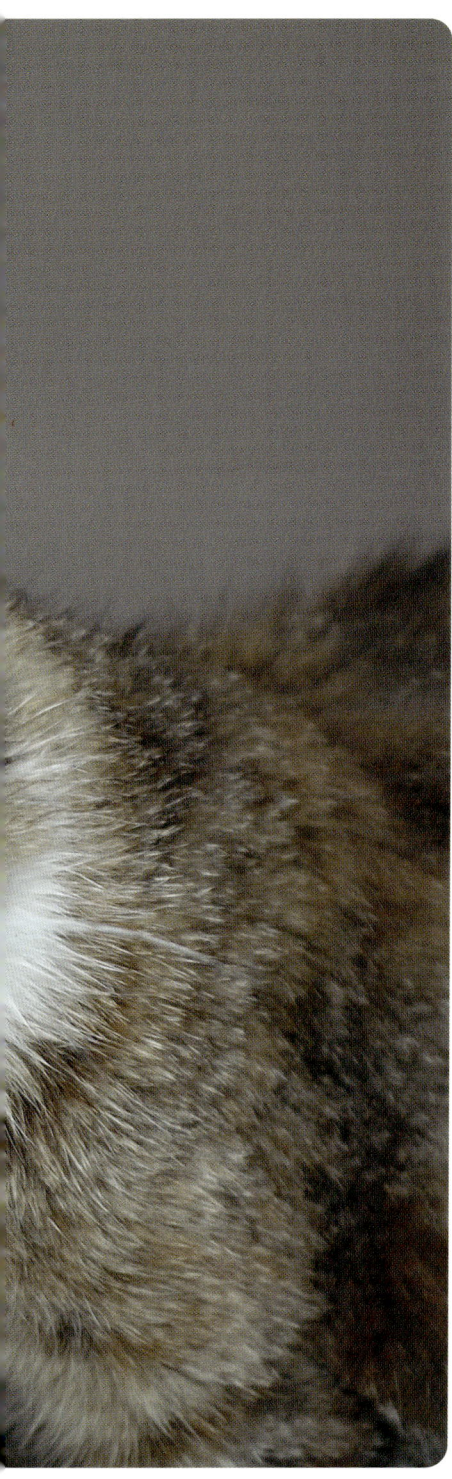

2

Verstehst du mich?

Mehr als tausend Worte
Facetten des Miaus

Angeborener Wortschatz

Anders als der Mensch, der nur richtig sprechen lernt, wenn er Gehörtes nachahmen kann, brauchen Katzen dieses Vorbild offenbar nicht. Auch taub geborene Kätzchen lernen die Lautsprache in all ihrer Vielfalt, ohne je ein akustisches Feedback erlebt zu haben.

Man vermutet, dass Katzen die gesamte Bandbreite der arteigenen Lautgebung (von Miauen über Schnurren bis Fauchen) von Geburt an in sich tragen und diese zunächst noch ziemlich bruchstückhaft und – außer ein paar überlebenswichtigen Lauten – noch recht ungezielt einsetzen. Über Versuch und Irrtum prägt sich ihnen schließlich ein, was jeweils erfolgreich und somit der Situation angepasst war.

Das allerschönste Miau

Ähnlich verfahren gesunde Katzen, wenn sie an unserer Reaktion ausprobieren, welche ihrer eigens für uns kreierten Miau-Formen am wirkungsvollsten sind. Sie werden nach Ort, Zusammenhang und bei verschiedenen Menschen getestet. Denn ein solches Miauen ist als Aufforderung gedacht, endlich im Sinn der Katze zu handeln. Untereinander benutzen erwachsene Tiere es selten, dieses „Mi", „Miiiihhh", „Mieeeh", „Meeea", „Mrrrrau-Mrrrrau", „Marauh", „Miauauau"... – ihr wohlbekanntes „Miau", das unterschiedlicher nicht sein könnte, ob man nun die Lautäußerung als solche betrachtet, die Tonhöhe oder etwa die Lautstärke.

Katzen hören genau hin, wie wir etwas sagen. Auch wir sollten dies tun, denn auch die Miez sagt nicht bloß „Miau".

Schon die Allerkleinsten üben ihre Stimmchen. Und das ist auch gut so, denn nur wer sich lauthals zu Wort meldet, findet rasch Gehör.

„Hallo mein Kätzchen."
„Miau" (sieht her).
„Wie geht's Dir heute?"
„Mi-Mi-Miiiii" (reckt
Schwanz in die Höh).
„Na, dann komm mal her
zu mir." „Mhaa" (kommt
zielstrebig auf Sie zu).
„Erzähl! Wie war Dein
Tag?" „Mrrrrrrrrrrr-mi"
(gibt Köpfchen, schnurrt).

Die Betonung macht's

Das Miau lässt sich prima verändern. Denn jede Silbe kann sowohl in der Länge, als auch was die Betonung betrifft, variiert und damit in der Bedeutung verändert werden. Ist die Katze enttäuscht, bekommt das „a" mehr Gewicht. Manchmal besteht das „Miau" dann überhaupt nur aus einem „a". Wird das „u" betont, klingt es ziemlich verzweifelt. Die Katze bettelt. Soll das Betteln fordernder sein, wird das „u" häufig wiederholt, wobei sich das Mäulchen nur sehr langsam schließt, sodass die zu übermittelnde Botschaft länger andauert. Ist die Mieze guter Dinge lässt sie ihr „Miau" fröhlicher und leichter klingen, manchmal auch mit einfließendem Schnurren.

Maunzen im Ultraschallbereich?

Wenig untersucht ist bisher, inwieweit derartige Lautäußerungen in den Ultraschallbereich fallen. Vermutlich ist das sogenannte stumme Miau überhaupt nicht geräuschlos, sondern so hochfrequent, dass wir es aufgrund unseres begrenzten Hörvermögens einfach nicht wahrnehmen können. Sie kennen dieses sanft bittend-fragende Miau bestimmt: Ihre Katze reckt Ihnen ihr weit geöffnetes Mäulchen entgegen und schließt es wieder, ohne dass wirklich ein Ton dabei herausgekommen wäre. Rücken Sie zum „Köpfchengeben" ganz dicht an Ihre Miez heran, können Sie allenfalls ein leichtes Wispern vernehmen. Anderen Katzen mit ihrem feinen Gehör würde diese Mitteilung bestimmt nicht entgehen. Könnte es vielleicht sein, dass die Tiere sich untereinander doch wesentlich häufiger verbal unterhalten als wir glauben, nur eben im für uns unhörbaren Ultraschallbereich? Gerade im Nahbereich wäre dies nämlich ein effektives Kommunikationsmittel. Denn die Leisetreter mit der oft verkannten sozialen Ader gehen viel häufiger in freundlicher Manier auf Tuchfühlung als gemeinhin angenommen.

Wenn Miezen maunzen, gurren, zwitschern, singen

Wann immer Katzen etwas wollen, miauen sie. Das beginnt schon im Nest, wenn die Katzenbabys ihrer Mutter signalisieren möchten, dass sie hungrig sind, ihnen kalt ist oder sie sich unwohl fühlen. Ein herzzerreißendes kindliches „Miii" (später, im Alter von ca. drei Wochen, auch ein drängendes „Miichja") – und Muttern ist sofort mit einem zarten „Mrrrrr", einer Art rollendem Miau, zur Stelle, um unter wohlig-beruhigendem, vibrierendem Schnurren den Kätzchen Wärme, Schutz und Nahrung zu spenden. Anders als bei Wildkatzen, bei denen sich diese Lautäußerung während des Heranwachsens verliert, hat sich bei unseren Hauskatzen jene frühkindliche Verhaltensweise bis ins Erwachsenenalter hinein erhalten, ja sie wird sogar im Kontakt mit Menschen je nach Bedarf individuell erweitert und modifiziert.

Zaghaft oder drängend, leise gurrend oder melancholisch vibrierend: Katzenlaute stecken voller Gefühle.

Auf das Miau seiner Mutter kommt das Kitten herbeigelaufen und wird liebevoll umsorgt.

Katzendialekte

Ob sie bettelt oder sich beklagt: Jede Katze hat ihre eigenen Miau-Dialekte. Manche Tiere quasseln stets viel lauter und fordernder als andere, manche flechten in ihr Miau-Gespräch einzelne sehr helltonige Gurr- und Zwitscherlaute und leise maunzende Töne ein, um möglichst differenziert und besonders freundlich mit ihrem Menschen zu plaudern. Nicht selten ist das liebreizende „Grauraurarau".

Sanfte Töne

Zarte Gurr- und Zwitschergeräusche senden Katzenmütter aus, wenn sie zu ihren Jungen ins Nest zurückkehren – und, etwas lauter, als eine Art Trillertirade, wenn sie ihre Kleinen auffordern, ihnen zu folgen. Ist der Nachwuchs schon etwas größer und erkundet selbstständiger die Umgebung, rufen

Katzenmütter ihn auf diese Weise zu sich, um ihnen eine Milchmahlzeit zu servieren. Auch potente Kater machen rolligen Kätzinnen nicht selten mit galantem Smalltalk den Hof, und, steht der Umworbenen der Sinn danach, antwortet sie auf gleiche Weise. Stundenlang – im wahrsten Sinne des Wortes – kann sich das Liebesgeflüster hinziehen.

Tenöre unter sich

Ein sehr eindrucksvolles Schauspiel ist der sogenannte Katergesang, der eigentlich kein Gesang aus freudigem Anlass, sondern vielmehr Ausdruck von Revier- und Rangstreitigkeiten unter potenten Katern ist. Trotz ihrer Ernsthaftigkeit erinnert die Darbietung mit ihrer häufig wiederholten Lautfolge „Mauamamama-Mauamamama" eher an weinende Kleinkinder, die nach Mutters Fürsorge verlangen, als an Machogehabe. Doch den Kontrahenten ist es bitterernst, das zeigt auch die bedrohliche Körpersprache und Mimik, die die Lautäußerungen begleiten. Übrigens wird der „Gesang" nicht unbedingt im Beisein einer angebeteten Katzendame vorgetragen.

Katergetöse

Auch ohne ein rolliges Weibchen in unmittelbarer Nähe „singen" die Männchen ab und zu auf diese Weise; manchmal eine halbe Stunde lang, so lang eben, bis man sich endgültig in die Wolle bekommt, oder bis schließlich einer mit so langsamen Bewegungen das Feld räumt, dass man glaubt, eine Zeitlupenaufnahme zu betrachten. Letzteres geschieht wesentlich häufiger. Man will sich schließlich nach Möglichkeit nicht verletzen.

Der erfahrene Hofkater Jerry weiß Bescheid: Geduldiges Warten – von liebreizenden Gesangsdarbietungen untermalt – zahlt sich aus.

Fauchen, spucken, knurren

Einleitung einer Auseinandersetzung: das Fauchen. Der junge Kater will die Zurechtweisung durch seine Mutter nicht hinnehmen und muckt auf.

Situationsangepasst: Katzen können markerschütternde Schreie von sich geben und damit unmissverständlich ihr Unbehagen kundtun. Sie können sich aber auch anders artikulieren, dann fällt der Protest leiser aus.

Manchmal wird ein unbedarfter Zweibeiner auch mit einer weniger angenehmen Lautsprache der Katze konfrontiert, und kann statt Gurren, Zwitschern oder eines „Miaus" zum Beispiel ein Fauchen oder Spucken ernten, etwa, wenn er ihre Warnsignale übersieht oder ignoriert.

Fauchen

Fauchen geht so: Gesicht in fratzengleiche Runzeln legen, Maul halb öffnen, Oberlippe hochziehen und Zähne entblößen, Zunge bis zum Gaumen nach oben wölben und kurz und scharf Luft ausstoßen, sodass das Gegenüber wenigstens noch einen Hauch davon mitbekommt. Wenn das nicht bedrohlich wirkt? Allein die Mimik, die das heftige Schauspiel begleitet, kann ausreichen, den Aufdringling auf Distanz

zu halten – als stimmloses Fauchen sozusagen. Wird die Luft auffallend heftig und möglichst langanhaltend ausgestoßen, entsteht ein Furcht einflößendes Zischen nach Schlangenart. Das wirkt noch abschreckender. Gefaucht wird zur Abwehr, gewissermaßen als Vorbote einer Verteidigung

→ Katzenerziehung

Wird ein Kitten von seiner Mutter angefaucht, heißt das: „Pass auf, das ist gefährlich!" oder auch: „Wirst du dich wohl benehmen?!" Ältere Geschwister oder erwachsene Artgenossen grummeln bisweilen heftig, bevor sie die Kleinen mit Fauchen zurechtweisen, weil diese sich ungebührlich verhalten.

(oder eines Angriffs), gewöhnlich auch aus Unsicherheit, Angst oder Wut heraus. Es wird gegenüber Artgenossen ebenso eingesetzt wie gegenüber dem Menschen oder etwa einem Hund.

Spucken

Zeigt das Fauchen nicht den gewünschten Erfolg, hat die Miez noch mehr Gesten auf Lager, um ihrem Missfallen Ausdruck zu verleihen und ihrem Gegenüber verstärkte Angriffsbereitschaft zu signalisieren: das Spucken. Hierbei stößt die Katze unvermittelt Luft und mit dieser einen schreckenerregenden Laut aus, der den Widersacher verblüffen und ihr währenddessen Gelegenheit geben soll, das Weite zu suchen. Ist Fliehen nicht möglich, und um die Ernsthaftigkeit der Situation zu unterstreichen, schlägt die Katze dabei gelegentlich mit einer oder beiden Vorderpfoten auf den Boden.

Knurren und Grollen

Wenn auch das Spucken nicht genügt, greift die Katze zum letzten Mittel „sanfter" Abwehr: dem Knurren – das mit geschlossenem Maul funktioniert, weil dabei nur die Mundwinkel nach oben gezogen werden.
Lautstarkes ausdauerndes Knurren zeugt von höchster Erregung und einem unmittelbar bevorstehenden Angriff und Beschädigungskampf. Denn bei Pfotenhieben bleibt es meist nicht mehr. Ist die Mieze stinksauer und will partout, dass der Gegner sich zurückzieht (zum Beispiel auch, weil sie einen leckeren Happen verteidigen möchte), können sich die Knurrlaute steigern und in ein noch beängstigender wirkendes Grollen übergehen: „Lass' mich bloß in Frieden, sonst gibt's Prügel!"

→ **„Essen ist fertig"**

Leisere, fast klagend anmutende Schrei-Rufe, die oft an ein abgewandeltes „Miau" erinnern, stoßen Katzenmütter aus, wenn sie ihren Jungen Futter mit nach Hause bringen und schnell deren Aufmerksamkeit erregen wollen. Offensichtlich erkennen die Kleinen anhand der verschiedenen Rufe, um welches Beutetier es sich handelt, das Muttern da herbeischleppt. Beim sogenannten „Maus-Ruf" (so haben Katzenforscher festgestellt), kommen alle schnell herbei, beim „Ratten-Ruf" sind sie zaghafter.

Katzensprache pur: Sie ist stinksauer und entschlossen, den Lover sofort loszuwerden. Er weiß, dass es gleich was setzt, und ist schon im Begriff, sich zurückzuziehen…

Drohgeheul und Kreischen

Fühlt sich eine Katze in die Enge getrieben, kann es sein, dass sie es dem Gegenüber durch ein Drohgeheul in Form hoher kehliger, jammervoll klingender Töne zu verstehen gibt. Sie kann in solchen Momenten auch kreischen. Das kreischende Schreien hört man allerdings auch von Katzen, denen gerade Schmerz zugefügt wird, etwa weil man sie versehentlich getreten hat (dann ist es meist weniger hart und kürzer), sowie vom weiblichen Tier gegen Ende des Paarungsaktes – wenn der Kater (was vermutlich schrecklich weh tut) seinen „stachelbewehrten" Penis aus der Scheide zieht. Wütende Warnschreie, die eher spitz statt kreischend klingen, geben Katzen ab, wenn sie Eindringlinge in ihrem Revier geortet haben.

Vom Schnurren und Purren

Geschnurrt wird, was das Zeug hält

Ein unvergleichliches Geräusch mit herrlich beruhigendem Effekt ist das Schnurren (der aus dem Englischen abgeleitete Begriff „Purren" trifft den erzeugten Ton fast noch besser). Schon die winzigen Kitten im Alter von rund einer Woche können schnurren, etwa beim Saugen. Ihre Mutter weiß dann Bescheid: „Alles bestens." Kehrt die Katzenmama nach einem Ausflug ins Nest zurück, schnurrt sie ebenfalls und zeigt der Kinderschar, dass alles in Ordnung ist. Auch erwachsene Katzen geben einander mit mehr oder weniger intensivem Schnurren ihre freundlichen Absichten zu verstehen. Katzenwelpen nähern sich Alttieren oft mit Schnurrgeräuschen, ebenso die Alten, wenn sie mit den Kleinen Kontakt aufnehmen wollen. Selbst beim Fressen oder Spielen kann man lautes Schnurren hören, was so viel bedeutet wie: „Ich bin friedlich gestimmt." Schnurren ist (zumindest im Nahbereich) ein gebräuchliches Mittel unter Katzen, sich gegenseitig friedvolle Stimmung anzuzeigen. Doch nicht nur unter Ihresgleichen ist Schnurren ein oft genutztes Verhalten. Auch Hunde oder Kaninchen werden heftig beschnurrt.

Katzen können stundenlang schnurren. Mal ist das Schnurren sanft und ruhig, mal rau und fordernd; ganz so, wie der Miez gerade zumute ist.

Mutters Fürsorge und ihr beruhigendes vibrierendes Schnurren lassen die Furcht des kleinen Katerchens mehr und mehr weichen.

Aua – Schmerzen!

Katzen schnurren auch, wenn sie verletzt oder krank sind, Schmerzen haben, und sogar dann, wenn sie im Sterben liegen. Möglicherweise versuchen sie, da sie ihre Schwäche spüren, mit diesem Geräusch einen potenziellen Widersacher zu besänftigen, ihm mitzuteilen, dass keine Gefahr von ihnen ausgeht, ja vielleicht auch, um sich selbst zu beruhigen.

Ganz entspannt

Katzen betören nicht zuletzt auch Menschen mit Schnurrlauten. Welcher Katzenhalter kennt es nicht, dieses behagliche Gefühl, das sich einstellt, wenn man dem leisen Surren seiner Katze zuhört? Haben wir die Miez erst einmal auf dem Schoß und spüren dieses unmerkliche Summen, das sich langsam steigert, so lang bis ihr ganzer Körper unter lauten Tönen bebt, reagieren wir sogar körperlich:

Unser Blutdruck sinkt, wir entspannen uns – und fühlen uns rundum wohl. Kein anderes Haustier bringt diese bewegenden Töne zustande. Sanftes Schnarchen ist zwar auch beruhigend, löst aber nicht dieses wohlige Empfinden aus wie das Schnurren.

Nachdem wir die Katze ausgiebig gestreichelt haben, beginnt sie meist, sich zu putzen. Man vermutet, dass sie dadurch unseren Individualgeruch mit ihrem vermischen möchte.

Über das Wie weiß man wenig

Katzen sind in der Lage, sowohl beim Einatmen als auch beim Ausatmen zu schnurren, sogar während sie trinken, essen, saugen oder dösen. Wie dieses permanente Schnurrgeräusch allerdings zustande kommt, ist immer noch ungeklärt. Es existieren zwar mehrere Theorien, aber keine ist richtig überzeugend,

→ weder die, die Turbulenzen im Blutkreislauf dafür verantwortlich macht,

→ noch die, nach der sogenannte Taschenbänder (neben den Stimmbändern gelegene bandförmige Strukturen) in Schwingung versetzt werden, die dann Brust und Luftröhre der Katze vibrieren lassen,

→ und auch nicht die, wonach wechselseitige Kontraktionen von Kehlkopf und Zwerchfell die Ursache darstellen.

Diese beiden, Fleur und Tinker, treffen sich gern zum gemeinsamen in der Sonne kuscheln – dabei schnurren sie laut um die Wette.

Ich vertraue dir
Treteln, Köpfchengeben und Co.

Ohne Worte: Inniges Kontaktreiben zwischen Mutter Lilly und Tochter Tina als Zeichen enger freundschaftlicher Verbundenheit.

Hier prüft Lilly genau, woran Tina sich kurz zuvor hingebungsvoll gerubbelt hat.

Treteln

Ein Ausdruck des Wohlbehagens, ein Relikt aus Kindertagen, ist das Treteln. Sobald die winzigen Kitten ihre Lippen fest um Mamas Zitzen gelegt haben und saugen, beginnen sie, das Gesäuge abwechselnd mit den Vorderpfötchen und weit gespreizten Zehen knetend zu bearbeiten. Das regt den Milchfluss an. Dieses Verhalten kann bis ins Erwachsenenalter beibehalten werden. Katzen zeigen es bevorzugt bei Menschen (v. a. beim Kraulen) – als Beweis großer Zuneigung und als Zeichen von Zufriedenheit und Wohlbefinden. Während des rhythmischen Knetens hält die Katze ihre Augen fast immer geschlossen, manchmal döst sie sogar. Zumindest scheint sie wie auf Wolken zu schweben.

Köpfchengeben

Auch das sogenannte Köpfchengeben sowie das „Entlangstreichen" sind als Zeichen von Vertrautheit und Verbundenheit zu verstehen. Sie als Katzenliebhaberin wissen sicher, wovon ich spreche: Ihre Katze schmiegt den Kopf in Ihre hohle Hand oder an Ihre Wangen, und reibt genüsslich schnurrend und mit geschlossenen Augen Stirn, Wangenbereich, Kinn und auch die Lippen an Ihrer Haut. Erwidern Sie diese Geste durch Streicheln (etwa über deren Stirn, an den Wangen, unterm Kinn, über den Rücken bis zur Schwanzbasis), tut sie es immer wieder.

Um die Beine streichen

Kommt die Katze zur Begrüßung oder um einen leckeren Happen zu ergattern, streicht sie an Ihren Beinen entlang, zunächst mit dem Köpfchen, danach mit den Flanken und schließlich mit ihrem Schwanz – den sie Ihnen dabei regelrecht um Fesseln oder Waden windet und so sehr in die Höhe reckt, dass auch die Schwanzwurzel Kontakt mit Ihnen bekommt.

Bei einer Katze, die sehr großes Zutrauen zu ihrem Menschen hat, kann man beobachten, dass sie während des Köpfchengebens Finger, Handrücken oder auch den Unterarm ihres Zweibeiners beleckt beziehungsweise sanft mit den Schneidezähnen beknabbert.

Eine weitere Geste der Sympathie: Miezes größter Liebesbeweis ist sicherlich ein sanfter Nasenstüber von Angesicht zu Angesicht.

Gerüche übertragen

Beim Köpfchengeben und beim „Entlangstreichen", also dem gezielten Kontaktreiben mittels ganz bestimmter Körperteile, geht es der Katze nicht nur um die Lust an der Berührung, sondern vor allem um das Anbringen von Duftmarken. Denn an diesen Körperstellen besitzt sie neben den Tastrezeptoren auch Drüsen, die Duftstoffe absondern. Mit diesen Düften parfümiert sie ihr Revier und alle darin befindlichen (neuen) Gegenstände und Lebewesen. Das tut sie, um ihren Besitzanspruch geltend zu machen und als Ausdruck der Zusammengehörigkeit. Dieser vertraute Geruchscocktail gibt ihr, wann immer sie daran schnuppert, Sicherheit und Geborgenheit.

→ **Aufgefrischt**

Obwohl Duftbotschaften weitaus haltbarer sind als Geräusche oder optische Signale, verblassen sie mit der Zeit. Das bedeutet, dass das Prozedere in regelmäßigen Abständen wiederholt werden muss. Daher rührt das unübersehbar große Verlangen der Katzen, möglichst oft mit ihrem direkten Umfeld in Duftaustausch zu treten. Richtiggehend süchtig sind sie danach, sich überall entlangzureiben, ob das nun an einem Türrahmen ist, an Stuhlbeinen, Hecken – und eben an vertrauten Artgenossen und dem Menschen.

Mein Duft, dein Duft

Während die Katze sich so intensiv reibt, gibt sie nicht nur Duftstoffe ab, sondern nimmt auch welche auf – Düfte des vertrauten Menschen beispielsweise oder die von ihren Artgenossen, die zusammen mit ihr leben, außerdem alle Gerüche, die sich an den Dingen befinden, an denen sie sich entlangschmiegt. Dadurch trägt auch sie diese Duftmarken auf ihrem Körper, kann diese beim Schubbern weitergeben und zum Beispiel während der Fellpflege inhalieren. Dabei vergewissert sie sich ihrer Zugehörigkeit zu den jeweiligen Geruchsspendern.

Aufwendiges Schubbern und Kratzen am Tor zum Hof, damit auch jeder mitbekommt: „Minka was here!"

EXTRA
Pheromone – Aromen mit umwerfender Wirkung

Jene Duftstoffe, die Katzen in den Duft-drüsen ihres Gesichtsbereichs (bei-spielsweise den Wangen- oder Kinn-drüsen) produzieren und beim Reiben an ihr Umfeld weitergeben, sind von besonderer Art. Es handelt sich hierbei nicht um jene kleinen, leicht flüchtigen Geruchspartikelchen, die bei jedem Atemzug aus der Umwelt in die Nase gelangen, zur Riechschleimhaut am Nasengrund geführt und am Ende im Riechhirn zu einer Geruchsempfin-dung umgesetzt werden, sondern viel-mehr um sehr große, recht schwere, nicht flüchtige Substanzen, sogenannte Pheromone, die auf einem völlig ande-ren Weg transportiert werden müssen, da die „normalen" Riechsinneszellen in der Katzennase überhaupt nichts mit diesen schwerfälligen Molekülstruktu-ren anfangen können.

Alle Katzen flehmen, potente Kater tun es jedoch am häufigsten und ausgeprägtesten.

Duftoase Heidekraut: Von den Katzen, die bei uns lebten, geriet allein Tina regelmäßig derart aus dem Häuschen.

Flehmen – nicht nur eine Grimasse

Wenn die Geruchswahrnehmung von Pheromonen nicht wie bei anderen Duftstoffen über das Riechfeld tief im Inneren der Nase vermittelt wird, wo dann?
Wie Hunde und zum Beispiel Pferde besitzen Katzen ein kleines zusätzli-ches Riechareal an ihrem Gaumen auf der Höhe der Schneidezähne (Jacob-son'sches Organ, Vomeronasalorgan (VNO) oder auch Mund-Riech-Organ genannt), an dessen Sinneszellen diese Moleküle andocken können und damit schließlich einen Geruchseindruck bewirken. Und was für einen! Bei ein-zelnen solcher Düfte können Katzen geradezu in Verzückung geraten. Bei anderen ist das Ergebnis nicht so frap-pierend und eher individuell.

Nur von Katzen wahrnehmbar

Pheromone sind den Hormonen ähnliche Botenstoffe, deren Charakteristikum es ist, ausschließlich zwischen Mitgliedern einer Art wirksam zu sein und „richtig verstanden" zu werden. Katzen-Pheromone können demnach nur von Katzen gebildet und wahrgenommen werden. Wir riechen sie nicht. Somit haben wir auch nicht die leiseste Ahnung davon, welch „schweres" Duftleuchtfeuer wir an uns tragen, nachdem wir mit unserer Miez geschmust haben. Wir ahnen jetzt allerdings, weshalb wir hinterher für andere Katzen derart attraktiv sind.

Durch Mund und Nase

Interessanterweise hat dieses besondere Riechorgan zwei Eintrittsöffnungen – eine im Nasenraum, die andere im Inneren der Mundhöhle, am Gaumendach. Das bedeutet, dass seine maximale Stimulation nur gewährleistet ist, wenn die entsprechenden Duftstoffe nicht nur über den Luftstrom der Nase herbeigeschafft werden, sondern vor allem über das Mäulchen der Katze. Denn nur dort werden die schweren duftbeladenen Partikel ausreichend im Speichel gelöst und in großer Zahl an die Rezeptorzellen gebracht.

Mit hochgezogener Oberlippe

Die Anstrengungen, die eine Katze unternimmt, um ihr „Riech-Schmeck-Organ" ausreichend mit den berauschenden Pheromonmolekülen zu füttern, nennt man Flehmen. Bei diesem merkwürdig erscheinenden Verhalten reckt sie ihren Kopf etwas in den Nacken, öffnet ihr Mäulchen ein klein wenig, zieht die Oberlippe hoch, rümpft die Nase, saugt kräftig Luft ein und presst das entstehende Luft-Speichel-Gemisch mit bebender Zunge (einer Art Leck-Schmatzen) fest an ihren Gaumen – und damit genau auf die innere Eintrittsöffnung des Jacobson'schen Organs.

Eine auffällige Grimasse zwar, aber von enormer Tragweite, denn nur über dieses Verhalten kann eine Katze all jene Informationen mitbekommen, die ihr die Artgenossen mittels dieser spezifischen Duftpartikel mitzuteilen haben, etwa über den sozialen Rangplatz oder den Fortpflanzungsstatus.

Richtig flehmen zu können, will gelernt sein: Bereits mit vier Wochen beginnen die Kitten mit dem Üben.

Besonders effektiv sind Pheromone verständlicherweise während der Paarungszeit. Die Geruchspartikel, die in Sexuallockstoffen enthalten sind, haben zweifellos die stärksten Auswirkungen auf das Verhalten der Katze. Doch nicht nur erwachsene Tiere können die Pheromonbotenstoffe riechen.

Versunken im Glück.

Beruhigende Düfte

Schon die neugeborenen Kitten wissen zumindest mit einem davon viel anzufangen: mit Mutters „Beruhigungspheromon", das alle zusammen so herrlich entspannen und zufrieden nuckeln lässt. Dieses sogenannte cat appeasing pheromone (CAP; zu deutsch: beruhigender Botenstoff bei der Katze) sondert die Kätzin unmittelbar nach der Niederkunft an der Mittellinie ihres

Bauches ab, direkt zwischen den Milchdrüsen, wo es von ihren Babys beim Saugen und Kuscheln wunderbar wahrgenommen werden kann.

Wirkt bei Groß und Klein

Obwohl die Kätzin diesen Duftstoff nur produziert, solange ihre Kinder klein – also noch nicht entwöhnt – sind, wirkt er bei allen Katzen und in allen Altersstufen beruhigend. Diesen Umstand macht man sich zunutze und versprüht CAP zum Beispiel in Tierarztpraxen oder setzt ihn gezielt in der Verhaltenstherapie von Katzen ein, etwa bei ängstlichen Tieren. Denn längst hat man diesen Stoff künstlich nachgebaut und in Zerstäuber gepackt.

Begrüßung auf Kätzisch

Katzen ist es insbesondere für ihre Sozialkompetenz sehr wichtig, möglichst viele individuelle Duftinformationen von ihren Artgenossen zu erhaschen. Da gerade die besonders interessanten Pheromongerüche nicht wie andere leicht flüchtige Düfte über weite Strecken mit dem Wind transportiert werden, sondern nur auf geringen Distanzen wirksam sind, müssen die Samtpfoten miteinander auf Tuchfühlung gehen, um diese wahrnehmen und analysieren zu können. Wie sie das anstellen, lässt sich am schönsten beobachten, wenn zwei Katzen, die sich gut kennen und mögen, einander begegnen.

So nah wie möglich

Die Tiere stupsen zunächst ihre Nasen sachte aneinander und beschnuppern sich um Nase und Mäulchen herum, manchmal auch an den Wangen entlang bis zum Ohr. Dabei kommt gelegentlich die Zunge zum Vorschein und man leckt sich flüchtig übers Gesicht. Nach diesem kurzen Nasenstüber reiben beide ihre Köpfe, Körperseiten und Schwänze aneinander. Wie lange das dauert, hängt unter anderem davon ab, ob sie sich schon längere Zeit nicht mehr getroffen haben. Je länger die Begegnung zurückliegt, umso inniger ist der Körperkontakt – und somit der Duftaustausch. Gelegentlich kann man beobachten, dass sich die Tiere anschließend an den Flanken in Richtung Schwanzbasis beschnuppern. Auch der Analbereich wird kurz unter die Lupe genommen.

Dicke Freunde

Nach der Begrüßung gehen beide Tiere oft zusammen ein kurzes Stück ihres Weges (Seite an Seite), um schließlich wieder ihre eigenen Interessen zu verfolgen, oder, um sich für ein gemeinsames Nickerchen dicht aneinanderzuschmiegen. Intensiver Körperkontakt scheint für Katzen wichtig zu sein.

Stundenlang können „dicke Freunde" so zusammen kuscheln. Katzen erkennen sich am Geruch. Man geht davon aus, dass es v. a. die Sekrete ihrer Wangen- und Kinndrüsen sind, die ihnen diese Informationen liefern.

Die beiden jungen Kater sind ein Herz und eine Seele.

Nach inniger Begrüßung zusammen den Hof erkunden …

Harnspritzen und andere Gerüche

Neben Köpfchengeben und Reiben gibt es noch weitere sehr wirkungsvolle Methoden, Artgenossen individuelle Duftnoten kundzutun und ihnen mitzuteilen: „Hier wohne ich!", nämlich die Abgabe von Harn und Kot. Sehr eindrucksvoll ist das sogenannte Spritzharnen, also das demonstrative Markieren mit Harn. Vor allem HalterInnen unkastrierter Kater dürfte diese Verhaltenssequenz geläufig sein.

Das Spritzharnen hat eine wichtige soziale Bedeutung für Katzen, weshalb sie auch ein auffälliges Schauspiel darum veranstalten.

Gezielt platziert

Das Tier beschnüffelt gründlich eine auserwählte auffällige Stelle, die meist vertikal und auf einer Höhe von rund 30 Zentimetern gelegen ist. Dabei prüft es vermutlich den dort bereits angebrachten Duftmarken-Cocktail. Danach dreht es sich um, wendet dieser Stelle den Po zu, und drapiert sich aufrecht und mit hoch erhobenem, auffällig zitterndem Schwanz unmittelbar davor. Während es nun in einem feinen

Selbst für die normale Harnabgabe im Hocken wird gewissenhaft ein passendes Örtchen ausgesucht. Manchmal wird auch Harn verbuddelt.

Strahl Harn dagegensprüht, tritt es abwechselnd mit den Hinterfüßen auf und ab.

Auch für menschliche Nasen wahrnehmbar

Potente Kater fügen dem Strahl noch ein paar Analdrüsensekrete hinzu, was den Geruch intensiviert – und, wenn dieses Prozedere an besagter Stelle oft genug wiederholt wird, auch von uns Menschen wahrgenommen wird. Diese Duftmarken bestehen zwar überwiegend aus Pheromonen, die unseren Nasen verborgen bleiben, konzentrierter Katzenurin sowie Analdrüsensekrete beinhalten allerdings auch riesige Mengen an leicht flüchtigen Geruchspartikelchen, die (bei Katze wie Mensch) über die Riechschleimhaut der Nase registriert werden und damit auch bei uns wirken.

Duft-Fahne

Wie bunte Flaggen wehen die gespritzten Duftmarken im gesamten Katzenrevier (vermehrt an dessen Grenzverläufen) und zeigen an, wer hier das Sagen hat. Entgegen der landläufigen Meinung werden die Marken nicht nur von potenten Katern gesetzt. Auch kastrierte Kater und Kätzinnen (kastriert sowie unkastriert) spritzharnen, wenn auch weitaus seltener und jeweils ihrer sozialen Position entsprechend ausgeprägt. Offensichtlich haben nur die dominanteren Tiere das Verlangen, sich derart optisch und geruchlich zur Schau zu stellen.

Mein Revier!

Je mehr Katzen in einem Revier leben, umso häufiger wird per Harnspritzen der Besitzanspruch verkündet. Auch Wohnungskatzen zeigen das – nicht gern gesehene – Verhalten, zum Beispiel, wenn fremde Tiere einziehen oder auffällige Veränderungen in ihrem gewohnten Umfeld auftreten. Auch nach einem Umzug muss die Miez meist alles Mögliche in dieser Manier markieren. Selbst ein neuer Schrank oder ähnliches Mobiliar bedürfen nach Katzenmeinung zumindest ein Mal einer persönlichen Duftnote, um im Wohnbereich dauerhaft Akzeptanz zu finden.

Mit Kothäufchen Marken setzen

Katzen (hier sind es tatsächlich überwiegend unkastrierte Kater) markieren ihre Marschrouten und markante Plätze im Revier auch mit Kot. Dazu werden die festen Hinterlassenschaften aber nicht, wie sonst üblich, gewissenhaft vergraben, sondern äußerst augenfällig deponiert, vorzugsweise auf klei-

Am aufwendigsten ist die Abgabe der festen Hinterlassenschaften: Hier wird nach einer geeigneten Stelle gesucht und ein Loch gegraben, nach dem Verrichten alles beschnuppert und wieder zugescharrt.

nen Erdhaufen oder anderen leichten Erhebungen. So jedenfalls, dass alle sie sehen und – riechen können. Denn das Vergraben von Kot (beziehungsweise Urin), soll, so nimmt man an, dazu dienen, dessen durchdringenden Geruch zu mindern. Augenscheinlich möchten aber nur einzelne, meist sozial hochrangige Tiere ihre Anwesenheit auf diese Weise an die große Glocke hängen. All die anderen setzen lieber auf subtilere Botschaften wie Pheromone und Kratzmarken (siehe Seite 40), um auf sich aufmerksam zu machen. Denn sie verscharren ihren Kot.

Schwitzen? Fehlanzeige!

Hecheln zum Abkühlen

Nicht nur Hunde und Vögel können hecheln, auch Katzen tun es, wenn ihnen zu heiß wird. Warum? Weil sie beim Hecheln irrsinnig schnell ein- und ausatmen und damit sehr viel Feuchtigkeit an die Umgebung abgeben können. Dabei verlieren sie zwar große Mengen an Speichelflüssigkeit, mit dieser aber auch jede Menge Hitze. Denn zusammen mit der Flüssigkeit verlässt auch überschüssige Wärme den Katzenkörper, und die Katze kühlt wieder ab. Damit das Hecheln möglichst effektiv ist, muss die Katze sehr viel trinken. Schwitzen kann sie bekanntlich nicht. Die für eine Schweiß- und damit Wärmeabgabe nötigen Drüsen an der Körperoberfläche fehlen ihr schlichtweg.

Katzen hecheln selten; und wenn sie es tun, ist die Wirkung wesentlich schwächer als beispielsweise bei Hunden.

Ein kühles Plätzchen

Neben dem Hecheln, dass bei Katzen wirklich nur dann vorkommt, wenn es draußen außerordentlich heiß ist, haben die Tiere mehrere weitere Verhaltensstrategien entwickelt, um sich Kühlung zu verschaffen. Sie meiden zum Beispiel große Hitze, indem sie während der heißen Stunden des Tages im kühlen Versteck bleiben. Sie reiben und rekeln sich in feuchtem Laub oder kühlender Erde. Sie lecken ihren Körper großflächig ab und speicheln ganz gezielt das Fell auf ihrem Rücken, am Bauch und an den Flanken ein, womit ebenfalls Verdunstungskühle entsteht – und Hecheln gar nicht erst nötig wird. Achtung: Häufiges Hecheln bei einer Katze kann Hinweis auf eine ernste Erkrankung sein!

Durch Wälzen in feuchter Erde verschafft Lilly sich Kühlung.

Ablecken der Extremitäten

Gezieltes Einspeicheln des Fells am Rücken

Die Katzennase – ein Kühler für das Gehirn

Besonders spannend ist die Erfindung des Wundernetzes. Das ist ein reich verzweigtes Gefäßnetz an der Basis des Gehirns der Katze, das dafür sorgt, dass dessen empfindliche Zellen nicht überhitzen und zerstört werden. Diese auch Rete mirabile genannte Kühlungsstruktur wird von Adern versorgt, die aus dem Nasenraum stammen, und die von dort ihre Kühle mitbringen. Denn bei jedem Atemzug, oder bei jedem Hechelvorgang, wird über die Nasen- und Mundschleimhaut überschüssige Wärme an die Umgebung abgegeben, und das Blut, das zum Wundernetz fließt, dabei etwas abgekühlt. Nicht alle Tierarten besitzen diesen leistungsstarken Hirnkühler. Die, die einen haben (wie etwa Katzen oder Hunde), behalten bei großer Hitze wesentlich länger einen kühlen Kopf.

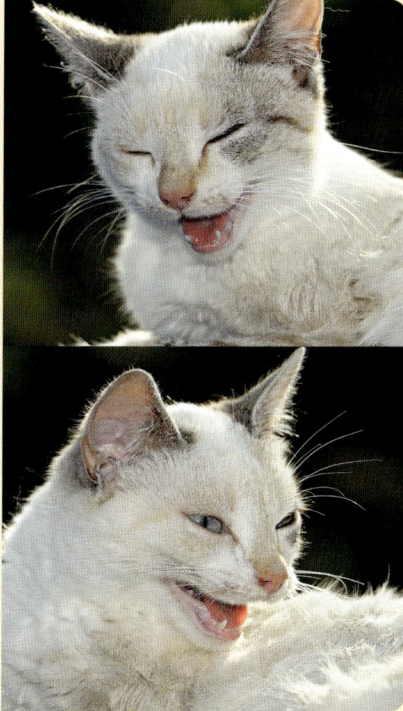

Hechelnde Miez'

Maniküre für Katzen

Ein leidiges Thema, wenn es im Haus an ungeeigneten Utensilien ausgeführt wird, aber ein ganz natürliches Katzenverhalten ist: Kratzen. Katzen, die ihre Krallen über Baumrinde oder andere meist hölzerne Objekte ziehen, schärfen dabei allerdings nicht nur ihre schlimmsten Waffen. Das zwar auch. Denn sie schleifen währenddessen die bröckelig spröden, also abgenutzten Außenschichten der Krallen ab (manchmal werden diese hauchdünnen Schichten sogar als Ganzes tütenförmig abgestreift) und schleifen die Krallen auf die richtige Länge zu, spitzen sie dolchartig an und reinigen die gefurchte Unterseite von Schmutz.

Horizontale oder vertikale Flächen, trockenes hartes oder modrig feuchtes Holz: Katzen nehmen, was ihnen momentan am ehesten zusagt...

Zeichen setzen

Mindestens genauso wichtig wie das Bearbeiten der Krallen sind jedoch die sichtbaren und geruchlich wahrnehmbaren Spuren, die die Tiere hinterlassen. Zumindest aus Katzensicht lassen sich mit den Kratzspuren vorzüglich Nachrichten schreiben, ähnlich wie mit den übrigen Markierungsmethoden. So entstehen beispielsweise je nach Intensität und Dauer des Kratzens mehr oder weniger deutliche optische Marken, die den Artgenossen klarmachen, wer hier gearbeitet hat. Je selbstsicherer eine Katze ist, umso markanter sind die Kratzspuren, die sie in ihrem Revier hinterlässt und umso häufiger kratzt sie an prominenten Stellen.

Da guckst du!

Übrigens lassen sich Katzen gern beim Krallenwetzen zuschauen. Man konnte sogar nachweisen, dass sie dieses Verhalten im Beisein von Artgenossen wesentlich häufiger an den Tag legten als ohne Zuschauer. Die eindeutige Message dieser Vorführung lautet demnach: „Leute hergeschaut! Ich bin die Allergrößte!"

Schon wieder Geruchs-informationen

Kratzen als solches, sowie die optischen Marken, die dabei entstehen, sind es aber nicht allein, die als Botschafter fungieren. Gerüche, genauer gesagt, Duftstoffe aus den Schweißdrüsen der Pfoten- und Zehenballen der Katze, werden bei diesem ins Auge stechenden Gehabe ebenfalls freigesetzt. Der Schweiß mit seinen Geruchsinhalten fließt allerdings nicht nur über das bearbeitete Areal hinweg, sondern ergießt sich förmlich in die dabei entstehenden Rillen, wo er über längere Zeit erhalten bleibt und die Nachrichten des Krallen-Wetzers nach und nach an die Umgebungsluft verdunstet. Je tiefer die Rillen, umso mehr Flüssigkeit hat darin Platz, und umso eindringlicher die übermittelten sozialen Botschaften.

Schwitzefüße?

Wie stark die Schweißdrüsen arbeiten, das heißt, welche Menge an Sekret abgegeben wird, ist vom Erregungszustand der Katze abhängig: Je stärker die Erregung, desto stärker die Absonderung. Bei hohen Umgebungstemperaturen, und wenn die Katze Fieber hat, wird ebenfalls mehr Flüssigkeit abgesondert. Dann jedoch eher zur Verdunstungskühlung als zum Markensetzen.

Um ihre empfindlichen Ballen geschmeidig und elastisch zu halten (was unter anderem für das Tasten und einen erfolgreichen Beutezug notwendig ist), haben Katzen immer etwas

schweißfeuchte Füße. Und so hinterlassen die vierbeinigen Leisetreter bei jedem einzelnen Schritt, den sie tun, Duftmarken im Gelände, aus denen andere Katzen Informationen ablesen. Selbst wir Zweibeiner mit unseren recht stümperhaften Nasen sind in der Lage, diese typisch moschusartig duftende Flüssigkeit an den Fußsohlen unserer Katzen wahrzunehmen, allerdings nur, wenn wir uns deren Füßchen möglichst dicht vor die Nase halten. Ob der Eindruck, den wir dabei gewinnen, allerdings ebenso spektakulär ist wie für eine Katze, ist fraglich. Ein interessanter Geruch ist's allemal.

Sogar die Daumenkrallen bekommen eine Maniküre. Katzen umklammern dabei fest das Kratzutensil, spreizen die Zehen ab, und ziehen genüsslich die Krallen durchs Material.

Katzenkrallen in Aktion

Was Katzenpfoten so spannend macht? Einmal sind sie samtweich und im nächsten Augenblick spitz und messerscharf. Den Grund dafür kennt jedes Kind: Katzen können ihre Krallen einziehen und bei Bedarf blitzschnell wieder hervorschnellen lassen.

zeitige Auseinanderspreizen der Zehen die Tatze deutlich vergrößert. Das ist nicht nur bei der Jagd sehr vorteilhaft sondern auch für einen erfolgreich abwehrenden Prankenschlag oder, wenn es für die Mieze gilt, schnell einen Baum zu erklimmen. Beim „Einfahren" ziehen kleine Muskeln das letzte Zehenglied in eine über dem Krallengelenk befindliche Hauttasche zurück, und zwar so tief, dass die Krallenspitze beim Laufen den Boden nicht mehr berühren und womöglich stumpf würde.

Wann ausgepackt wird

Der sogenannte Krallmechanismus, der die Krallen der Katze derart beweglich macht, ist äußerst kompliziert und wird situationsbedingt gesteuert (Klettern, Beutefang, Verteidigung). Außerdem ist er von der Stimmung der Katze abhängig. Ist sie beispielsweise sehr erregt, kommen ihre Krallen ganz automatisch zum Vorschein und werden wieder in ihre Taschen zurückgezogen, sobald die Anspannung sinkt. Auch beim gemeinsamen Spiel oder beim Schmusen können Katzen plötzlich und unerwartet die Krallen ausklappen und blutige Kratzer auf der Haut ihres Besitzers hinterlassen. Dies geschieht rein instinktiv und ohne jegliche Verletzungsabsicht des Tieres. Seine Katze dafür zu maßregeln, wäre absolut unangebracht und für das Tier unverständlich.

Krallen als todbringende Waffen...

Zeig mir deine Krallen

Beim ruckartigen Ausfahren werden die Zehengelenke leicht gedreht, sodass die Krallen dem Zielobjekt entgegengekippt werden, bevor sie zupacken. Außerdem wird durch das gleich-

Krallen als Steigeisen. Beim Abstieg funktioniert der Krallmechanismus nicht, es sei denn, die Katze klettert rückwärts hinunter. Meist springt sie aber lieber …

Kitten-Krallen müssen reifen

Das subtile Wechselspiel zwischen Sehnen und Muskeln der Miezen-Pfoten funktioniert nicht von Geburt an. Erst mit circa fünf Wochen können Katzenwelpen ihre Krallen in die vorgesehenen Hautfalten zurückziehen und wenn nötig wieder hervortreten lassen. Beim Treteln an der Milchbar malträtieren sie das empfindliche Gesäuge ihrer Mutter nicht über die Maßen, denn Welpenkrallen sind noch recht weich und kaum zugespitzt. Zum Schutz der Geburtswege werden diese nämlich stumpf und weich angelegt. Erst durch Wachstums- und Trocknungsprozesse härten die Krallen aus, bis sie nach mehreren Wochen ihre endgültige Konsistenz erreicht haben. Auch die Spitzen erlangen erst durch Benutzung ihre Schärfe und Sichelform.

Kitten-Krallen sind weich und biegsam, und sie können noch nicht eingezogen werden, weshalb die kleinen Kätzchen leicht an fusseligem Untergrund wie einem Frotteehandtuch hängenbleiben.

Mit den Füßen hören?
Samtpfötchens Sensoren

Samtpfoten: Wenn Katzen ihre Krallen zwischen den weichen Zehenballen verschwinden lassen, können sie sich fast lautlos bewegen – zum Nachteil ihrer Beute…

Können Pfoten hören?

Katzenfüße können noch viel mehr als nur kratzen und Schweiß absondern: Sie können sogar „hören". Nicht, dass Katzen tatsächlich Schallrezeptoren an den Pfoten hätten, vergleichbar denen im Innenohr, es sind lediglich freie Nervenenden, die sich dicht unter der Hautoberfläche ihrer Pfotenballen und

an der Basis ihrer Krallen befinden. Doch die sogenannten Pacini-Körperchen haben es in sich. Weil es so viele sind und sie so irrsinnig empfindlich auf Vibrationen reagieren, können Katzen damit feinste Erschütterungen wahrnehmen, solche beispielsweise, die von ihren Beutetieren tief im Erdreich verursacht werden. Die gefühlten Informationen aus dem Pfotenbereich sind allerdings nicht nur für erfolgreiche Beutezüge wichtig. Auch für das geschickte Laufen und Springen, für das sichere Klettern und Balancieren in luftiger Höhe sowie für ein zielsicheres Greifen sind sie ebenso überlebenswichtig.

Pfoten „ausstreichen"

Sicher haben Sie Ihrer Katze schon beim Beutefang (ob nun lebend oder in Form eines Spielzeugs) zugeschaut, und beobachtet, dass sie mit ihren Pfoten dabei merkwürdige Sondierungsbewegungen ausführt. Die Erklärung dafür ist folgende: Weil die Tastkörperchen in den Pfoten überaus sensibel sind, ermüden sie rasch. Deshalb nimmt die Katze nach einer ersten erfolgreichen Registrierung den zu messenden Sinneseindruck plötzlich gar nicht mehr wahr. Um weitere Vibrationen spüren und die Beute schließlich fangen zu können, muss sie die winzigen Schwingungsfühler wieder auf „empfangsbereit zurücksetzen". Und das gelingt ihr nur, wenn sie das

Objekt, welches sie derart fesselnd findet, immer wieder antippt, beziehungsweise zwischendurch mit der Pfote den Untergrund, aus dem die zarten Bewegungen aufgetaucht sind, vorsichtig betastet oder sanft über diesen hinwegstreicht.

Man nennt sie deshalb Karpal-Vibrissen. Ob beim Erkunden eines Spielzeugs oder draußen auf der Jagd: Zuerst berührt die Miez das Objekt vorsichtig mit der Pfote, dann werden die Zehen blitzschnell gespreizt, die Krallen ausgefahren und fester zugepackt.

Karpalballen und Vibrissen

Der kleine kegelförmige Schwielenkörper in Höhe der Vorderfußwurzel, Karpalballen genannt, besitzt diese Berührungsempfindlichkeit übrigens auch. Ihn setzt die Miez vor allem beim Klettern ein und wenn sie ihre Beute bereits umfasst hält. Wie bedeutsam eine feine Wahrnehmungsfähigkeit im Pfotenbereich für den kletterbegabten Schleichjäger ist, zeigen auch die drei bis sechs augenfälligen (meist pigmentlosen) Tasthaare, die sich an den Vorderbeinen knapp oberhalb des Ballens befinden. Den Schnurrhaaren (Vibrissen) vergleichbar fungieren sie als zusätzliche Schwingungsrezeptoren.

Katzenpfoten sind sehr aufwendig konstruierte Allzweckwerkzeuge, die ausgesprochen vielfältig und geschickt eingesetzt werden können.

Vibrissen, Tast- und andere Haare

Nicht nur die Hautoberfläche der Katze ist sehr sensibel, auch an der Basis der Haare, von denen sie Abermillionen trägt, befinden sich Fühlrezeptoren. Jedes noch so winzige Härchen ist an seiner Wurzel von empfindlichen Nervenfasern umsponnen, die es zu einer Art Tastrezeptor machen.

Sinushaare

Besonders auf das Tasten spezialisiert sind die eindrucksvollen Sinushaare, die sich vor allem im Gesicht der Katze befinden. Als Vibrissen umringen sie fächerförmig den Nasen- und Mundbereich, als Tasthaare wachsen sie vor allem um die Augen herum, an den Wangen, auf ihrer Stirn und am Kinn sowie oberhalb der Karpalballen. Einzelne Sinushaare sind über den gesamten Körper der Mieze verstreut – man nennt sie Leithaare. Bereits bei der Geburt der Katzenkinder sind sämtliche dieser Haare gut entwickelt.

Die auffallend hohe Empfindsamkeit vom Scheitel bis zu ihrer Sohle heißt übrigens nicht, dass Katzen auch sehr schmerzempfindlich wären. Sie stecken so manches klaglos weg.

Wird ein Tasthaar berührt, schließt das Kätzchen sofort die Augen, damit es nicht verletzt wird.

Haare mit verbesserter Reizregistrierung

Sinushaare sind modifizierte Körperhaare, die jedoch wesentlich länger, steifer und viel tiefer in der Unterhaut verankert sind. Auch das Geflecht an Nervenfasern um ihre Wurzel herum ist dichter, sodass sie schon deshalb empfindlicher reagieren. Außerdem befindet sich an der Basis jedes Sinushaares (anders als bei einem normalen Körperhaar) der sogenannte Blut-Sinus. Das ist ein mit Blut gefülltes Säckchen, das die Reizregistrierung erheblich verbessert. Denn die Bewegungen, die durch das Abbiegen eines Sinushaares hervorgerufen werden, versetzen zunächst die Blutflüssigkeit an seiner Basis in Schwingung. Dann erst treffen sie, deutlich verstärkt, auf die sensiblen Nervenendigungen. Und das beeindruckende Resultat? Bewegt sich ein solches Sinushaar um minimale fünf Nanometer (das ist eine Entfernung, die gerade mal einem 2000stel der Dicke eines menschlichen Haares entspricht), aktiviert das bereits seine ableitenden Nervenbahnen. Ein „ultrazarter" Lufthauch genügt dafür.

Besser als ein Nachtsichtgerät

Die minimalen Luftströmungen können von Beutetieren ausgehen, aber auch an winzigen Hindernissen entstehen. Und so ist es verständlich, dass die fantastischen Haare der Katze bei

Der „Schnurrbart" ist aufgefächert und nach vorn
gerichtet. Er umschließt
das Heupferdchen wie
eine schützende Hand. Da
die Katze auf diese Entfernung nicht mehr scharf
sehen kann, benutzt sie
ihre Vibrissen, um die
Position für den tödlichen
Biss zu bestimmen.

der Nahorientierung unschätzbare Dienste leisten, wenn es gilt, unbekanntes Terrain zu durchstreifen, Engstellen zu passieren oder Beute zu schlagen. Dank dieser Haare (und hier insbesondere der Vibrissenhaare, die weit über ihre Wangenknochen hinausragen) ist es den kleinen Schleichjägern auch bei absoluter Dunkelheit möglich, sicher und ohne Anzuecken um jede Barriere herumzumanövrieren. Denn die „Tasthaare" können alles, was im Weg steht, völlig berührungsfrei wahrnehmen.

Beugen, kippen, strecken ...

Im Durchschnitt haben Katzen über ihrer Oberlippe vierundzwanzig Vibrissen (zwölf auf jeder Seite), die in vier horizontal übereinanderliegenden Reihen angeordnet sind. Wie alle Körperhaare können sich auch Vibrissen und Tasthaare aufrichten oder dicht an den Körper anlegen. Während sie ein Objekt erkundet, richtet die Katze ihre Vibrissen fächerartig aufgespreizt nach vorn – ihr „Schnurrbart" kann das Objekt dabei regelrecht umschließen. Katzen können die Schnurrhaare ihrer linken beziehungsweise rechten Gesichtshälfte sogar unabhängig voneinander bewegen, um das Umfeld zu sondieren. Nicht zuletzt sind die einzelnen Haarreihen in der Lage, sich in unterschiedliche Richtungen zu neigen, was die Feinorientierung abermals verbessert. Allerdings sind nur die Vibrissen derart beweglich, die anderen Tasthaare lassen sich nicht ganz so präzise steuern.

Aus dem Leben einer Hofkatze

Fleur allein daheim

Fleur, noch klein und unerfahren, muss sich, weil sie sich zu weit vom Nest entfernt hatte, Mutter Lillys Standpauke anhören.
Nach ein paar Monaten hat Muttern nichts mehr gegen ihre jagd-sportlichen Alleingänge einzuwenden und das junge Kätzchen nutzt die gewonnenen Freiheiten.

Schleichgänge auf der Wiese sind spannend, aber nicht ungefährlich für eine Miez. Deshalb sind alle ihre Sinne hellwach und die Muskeln arbeiten auf Hochtouren.

Upps! War da was?

Was Wunder,

Für Katzen, noch dazu solch kleine, lohnt es sich immer, auf der Hut zu sein und beim Wandern über freie Flächen den Blick regelmäßig nach oben zu wenden. Wie schnell könnte ein Habicht auf sie herunterstechen.
Hier ist's allerdings nur der dicke Kater Tom, der sich um die Mama bemüht...

dass nach einiger Zeit Nachwuchs auf dem Hof zu vermelden ist: Mama führt ihn aus. Während Lion brav bei Lilly bleibt, eilt Lucy (der Schrecken der Straße, wie wahr!) davon, um Fleur mit freudig in die Luft gerecktem Schwänzchen willkommen zu heißen. Die jedoch ist ob dieser Zudringlichkeit zunächst etwas irritiert, begrüßt die Kleine aber schließlich gebührend und erwidert das Köpfchengeben. Eine dauerhafte Freundschaft ist hiermit allerdings nicht besiegelt, denn Fleur ist Artgenossen gegenüber nicht besonders gesellig. Nur einen liebt sie wirklich von Herzen: den kastrierten Kater Tinker. Mit ihm kuschelt sie oft und inniglich. Tinker ist ohnehin der peacemaker auf dem Hof und auch der „Lieblingstiger" unserer Hunde.

3

Siehst du, was ich sage?

Flexibilität in allen Reihen

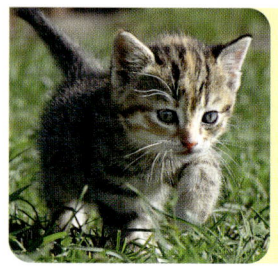

Wenn Schnurrhaare erzählen

Mit aufgeblusterten Backen in den Zweikampf: Die weit aufgefächerten und steif nach vorn gestreckten Vibrissen zeugen (wie die seitlich geneigten Ohren, die peitschenden Schwänze) von „dicker Luft".

Angst …!

An der Stellung der Vibrissen lässt sich die Stimmungslage einer Katze ablesen: Ängstliche Tiere legen ihre Schnurrhaare flach nach hinten an. Dabei rücken die einzelnen Haarreihen dicht zusammen und bilden ein Band, das zum Hinterkopf weist. Auch die Lippenspalte gleicht jetzt nur noch einem Strich. Dies alles soll das Gesicht kleiner machen, was für das Gegenüber weniger bedrohlich wirkt und damit eine mögliche Attacke vereiteln hilft.

Dicke Backen

Ganz anders bei starker Erregung: Da bekommt der Stubentiger „dicke Backen", womit sein Gesicht wesentlich größer und abwehrbereiter erscheint. Die mächtig aufgefächerten und weit nach vorn gestellten, deutlich über die Schnauzenspitze hinausragenden (gleichzeitig aber auch weit nach hinten weisenden) Tasthaarreihen tun ein Übriges – allerdings nicht nur mimisch, sondern auch was ihre Erkennungsfähigkeit anbelangt.

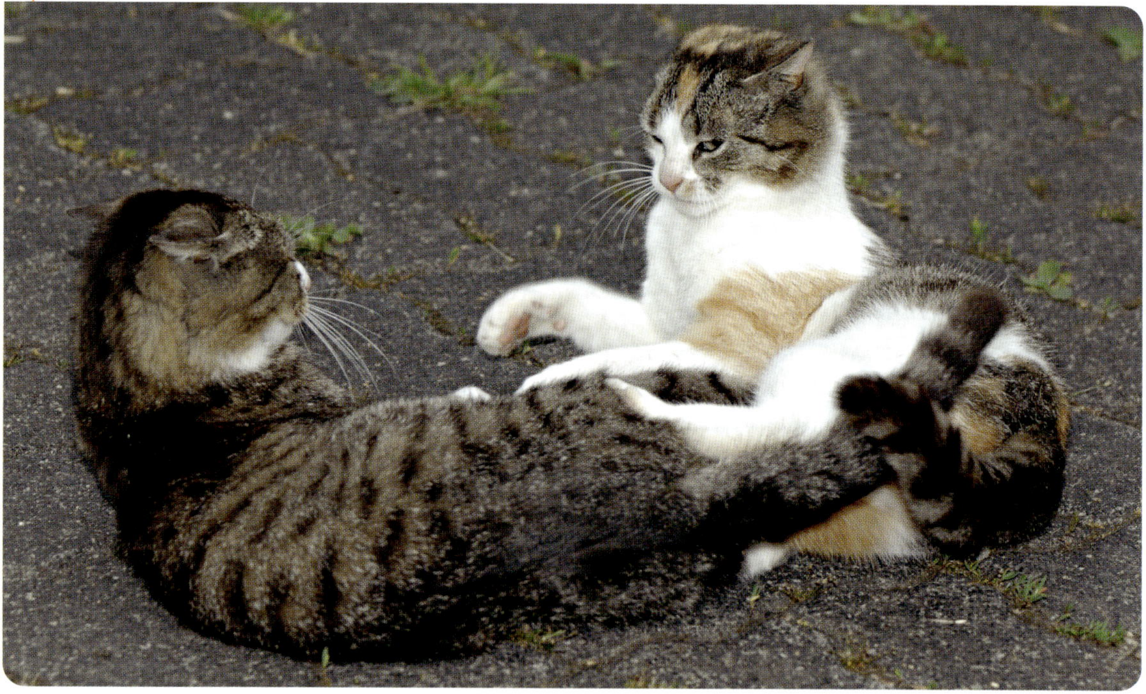

So aufgestellt können sie quasi einen Rundumblick gewährleisten und die Katze vor Schaden bewahren.

Ganz relaxed

Eine entspannte Katze hält ihre Schnurrhaare seitlich vom Mäulchen. Oberlippe und Vibrissen bilden sozusagen eine Linie – u. a. auch, weil die Haarreihen jetzt kaum gefächert sind. Manchmal blitzt die Zungenspitze aus dem Mäulchen hervor (gelegentlich hängt sogar die ganze Zungenfläche locker heraus), was dem Kätzchen einen kindlich-naiven Ausdruck verleiht. Weckt irgendetwas ihre Neugierde, richtet sie die Schnurrhaare auf, wodurch diese leicht nach vorn in Richtung des Objekts ihres Interesses zeigen. Die Haarreihen sind dabei etwas stärker gespreizt als im Ruhezustand.

Entspannt und doch aufmerksam durchstreift Lui sein Revier. Seine ausdrucksstarken Vibrissen trägt er ganz relaxt leicht nach vorn unten aufgefächert.

(Die Zunge verharrt nicht selten in ihrer Position, was die Miez ziemlich erstaunt dreinschauen lässt.)

Aufmerksamkeitsbarometer

Daran, wie weit die Schnurrbart-Reihen gefächert werden, lässt sich der Aufmerksamkeitsgrad des Tieres ablesen – sofern man Vergleichsdaten hat. Und diese stehen oft nur zur Verfügung, wenn man eine Kamera bemüht. Denn das menschliche Auge ist meist nicht empfindlich oder geschult genug, den raschen und minimalen Veränderungen schnell genug zu folgen. Doch es lohnt sich, sich einmal Zeit dafür zu nehmen, um auf recht unspektakuläre Weise in das momentane Stimmungsbild seines Tieres Einblick zu bekommen. Zumal man dann auch die feinen Unterschiede mitbekommt mit denen die Barthaare der rechten und linken Gesichtshälfte ausgerichtet werden.

Ihr Interesse wurde geweckt: Das Kätzchen spitzt die Ohren, wendet den Blick neugierig dem Objekt zu, der Schnurrbart ist leicht gefächert und weich nach vorn gerichtet.

Mit den Ohren reden

Wie kleine Radarschirme

Auffällig sind sie, keine Frage – und sensationell beweglich obendrein: die Ohrmuscheln der Katze. Katzen können ihre beiden Ohren sogar vollkommen unabhängig voneinander steuern und in ihrer Position verändern. Sie können sie aufwärts und abwärts kippen, um fast 180 Grad drehen und damit deren Rückseite dem Widersacher entgegenrichten. Was der sogleich unmissverständlich als Drohsignal zur Kenntnis nimmt. Die erstaunliche Anzahl von 32 Muskeln pro Ohr (wir haben gerade mal 6) macht dieses virtuose Ohrenspiel möglich, das den Leisetretern nicht nur zu einer erfolgreichen Jagd oder Flucht verhilft, sondern ihnen auch eine äußerst differenzierte Kommunikation mit ihren Artgenossen

Das wichtigste Stimmungsbarometer der Katze sind die Ohren. Durch die unterschiedlichen Stellungen der Ohrmuscheln zeigt sie ihren Gemütszustand an.

ermöglicht. Wir Menschen haben bei genauer Beobachtung ihrer Ohrenstellung die Chance, etwas über ihre Laune und emotionale Verfassung zu erfahren.

Ohrensprache

Ist die Katze zufrieden und entspannt oder ruht sie sich gerade aus, sind ihre Ohren aufgerichtet, aber nicht gespannt. Sie trägt sie dabei eher ein klein wenig nach hinten geneigt mit den Ohröffnungen entweder nach vorn oder etwas seitlich. Erregt etwas ihre Aufmerksamkeit, wendet sie den Kopf dorthin und spitzt die Ohren. Dabei werden die Ohrmuscheln ganz aufgerichtet und durch die Stirnmuskulatur (unserem Stirnrunzeln bei Konzentration vergleichbar) leicht nach innen, also in Richtung Nase, gezogen, wodurch die Ohröffnungen stärker nach vorn gedreht werden. Eben dahin, wo es etwas zu belauschen gibt. Wenn die Ohren dann zu zucken beginnen, ist Aufregendes im Spiel.

Mürrisch oder konzentriert

Drehen sich die Ohrmuscheln leicht nach außen, so, dass (von vorn betrachtet) ein klein wenig der Ohrenrückseite sichtbar wird, ist die Katze angespannt. Es kann sein, dass sie sich gestört fühlt, für einen Moment irritiert, mürrisch oder sogar verärgert ist. Viele Katzen zeigen derartige Ohrenstellungen allerdings auch dann, wenn sie damit beschäftigt sind, angestrengt Kratzmar-

Gespannte Aufmerksamkeit: Das Gesicht wirkt jetzt stechender.

scheidung sie treffen soll, oder ist ihr im Moment sehr unbehaglich zumute, dann stellt sie gern ein Ohr auf, das andere legt sie an.

Mit eingezogenen Ohren

Bekommt sie es mit der Angst zu tun, senkt die Katze beide Ohren ab und rückt diese meist auch etwas nach hinten. Je größer die Furcht, umso dichter werden die Ohrmuscheln an den Kopf angelegt. Schließlich, in höchster Not, legt sie ihre Ohren fest an die Schädeldecke an oder presst sie regelrecht darauf, um sie vor Verletzung zu schützen. Zudem duckt sie sich unterwürfig, damit sie beim Gegenüber keine unnötigen Aggressionen hervorruft.

Vorsicht, angriffslustig!

Alles andere als defensiv ist es hingegen, wenn die Katze ihre Ohren weit zurückdreht, so, dass deren Rückfronten fast vollständig nach vorn gekehrt sind und die Ohr-Öffnungen seitwärts weisen. Hierbei handelt es sich nämlich um eine aggressiv motivierte Reaktion. Eine Katze, die ihre Lauscher so verdreht, ist aufs Höchste abwehrbereit, wenn nicht sogar angriffslustig. Man sollte sie keinesfalls bedrängen.

Als Unmutsäußerung will sie die leicht nach hinten gedrehten Ohren verstanden wissen.

Eine defensive und doch verteidigungsbereite Haltung mit zorniger Note.

Aggression pur: Neben den Ohren zeigen das weit aufgerissene Maul (samt Lautäußerung) sowie die Vibrissen, dass mit dieser Katze nicht zu spaßen ist.

ken zu setzen oder Duftmarken zu prüfen. Auch hier ist erregte Anspannung und Konzentration im Spiel und zudem noch die soziale Information, die währenddessen (z. B. über Pheromondüfte) wahrgenommen wird und zu entsprechenden Körper- bzw. Verhaltensreaktionen führt. Doch selbst, wenn sie sich putzen, kippen Katzen ihre Öhrchen leicht nach hinten.

Noch unentschlossen

Weiß die Katze eine Situation nicht sofort richtig einzuschätzen, ist sie sich noch im Unklaren darüber, welche Ent-

> **→ Ohrengymnastik**
>
> Schon mit rund drei Wochen sind Katzenwelpen in der Lage, mit ihren Lauschern Geräuschquellen gezielt anzupeilen und zu orten. Regelrechte Ohr-Akrobatik betreiben die Minis in diesen ersten Wochen. Eine überaus nützliche Übung für das spätere Leben, etwa fürs erfolgreiche Beutemachen, denn: Exakt gepeilt, ist halb gefangen.

Lass Katzenaugen sprechen

Die Kontrahenten starren sich an: Eine Methode, um den Ernstkampf zu vermeiden, denn Anstarren gilt bei Katzen als Zeichen der Dominanz.

Katzen vertrauen auf ihren guten Rundumblick und nehmen viel aus dem Augenwinkel heraus wahr bevor sie es fixieren.

Kampfansage starrer Blick

Auch bei Katzen stellt der Blickkontakt eine wichtige Ausdrucksmöglichkeit dar. Wird er allerdings sehr lange und unverwandt aufrechterhalten, etwa vonseiten des Menschen, beginnt sich die Mieze unwohl zu fühlen. Sie blinzelt, schaut weg, schließt die Augen oder leckt sich mit der Zunge kurz über das Mäulchen (alles sogenannte Übersprungs- bzw. Beschwichtigungsgesten), um jetzt nur ja keinen Konflikt heraufzubeschwören.

Oder sie macht sich einfach von dannen, um der unangenehmen Situation zu entgehen. Denn Anstarren bedeutet in der Katzensprache: Kampfansage.

Tiefe, liebevolle Blicke

Eine Katze, die das Verhalten ihres Menschen jedoch gut kennt, fordert durchaus sogar von sich aus zu längerem Blickkontakt auf, etwa beim stummen Miau. Sie weiß unsere freundlichen Absichten richtig zu deuten, und auch wir verstehen dieses Anschauen (das unter Umständen von dem einen oder anderen langsamen Augenaufschlag begleitet wird) nicht als Fixieren. Mag sein, dass wir ihr forderndes „Bitten", das dabei so vortrefflich vermittelt wird, sehr wohl durchschauen. Doch bedroht fühlen wir uns währenddessen nicht. Unser rührend bettelndes Kätzchen hält seine Vibrissen entspannt seitlich vom Mäulchen, und es hat, während es uns anblickt, die Öhrchen gespitzt und seine Pupillen erwartungsfroh geweitet.

Gar nicht witzig! – Das Drohgesicht

Zum „Drohgesicht" gehört viel mehr. Neben dem wirklich starren durchdringenden Blick sind das zum Beispiel deutlich zurückgedrehte Ohrmuscheln (so, dass deren Rückfronten ganz sichtbar werden), steif nach vorn gerichtete Schnurrhaare, vielleicht ein zorniges Fauchen und verengte Pupillen.

Die Pupillenweite

Die Größe der Iris-Öffnung, also die Pupillenweite, ist zum einen Gradmesser für die Umgebungshelligkeit. Zum anderen hängt sie auch entscheidend von der Stimmungslage der Katze ab. Bei Angst, aber auch bei Überraschung und in Abwehrstimmung wird die Pupille besonders groß. Bei starker Anspannung sowie heftigen Schmerzen können sich die Pupillen deutlich verengen. Ist die Katze sehr wütend, kann es vorkommen, dass ihre Pupillen sich blitzartig zu einem schmalen Schlitz formen. Ist sie hingegen freudig erregt und zeigt gespanntes Interesse, sind ihre Pupillen in der Regel (je nach Lichteinfall) leicht geweitet.

Faktor Lichteinfall

Die stärkste Aussagekraft über die Befindlichkeit des Tieres hat nicht die absolute Größe der Pupille, sondern deren abrupte Veränderung von weit zu eng und umgekehrt.

→ Phänomen Katzenauge

Im Dämmerlicht weitet sich die Pupille. Je dunkler es ist, umso größer wird sie. Dabei ist die Pupille kreisrund und füllt beinahe die gesamte Augenoberfläche aus. Das Auge wirkt dann fast so, als sei es komplett schwarz gefärbt. Diese reflektorische Reaktion erfolgt, damit möglichst viel Licht eindringen und die Sehzellen am Augenhintergrund erreichen kann. Dies geschieht allerdings auf Kosten der Sehschärfe, weil hierbei große Streulichteffekte auftreten, die das Bild vernebeln. Bei hellem Licht hingegen verengt sich die Pupille. Je stärker der Lichteinfall, umso mehr. Bei grellem Sonnenlicht formt sie (zum Schutz der bei Katzen extrem lichtempfindlichen Netzhaut) nur noch einen winzigen vertikalen Schlitz.

Trotzdem ist eine endgültige Interpretation nicht leicht, denn Licht- und Erregungseinflüsse überlagern sich, sowohl verstärkend als auch abschwächend. Eine zufriedene, entspannte Mieze beispielsweise öffnet ihre Pupillen gewöhnlich nur so weit (zu einem leichten Oval), wie es das verfügbare Licht erfordert. Meist ist das nicht auffallend weit, denn Katzen brauchen nur ein Sechstel derjenigen Helligkeit, die wir zum Sehen benötigen.

Diese Katze ist rundum entspannt und locker: Sie hält die Lider halb geschlossen, sogar die Nickhaut (das dritte Augenlid) kommt zum Vorschein.

Was der Gesichts-ausdruck verrät

Aus Katzengesichtern kannst du lesen. Du solltest dabei nicht nur auf die Ohren, die Augen oder die Schnurrhaare schauen. Erst wenn du alle ausdrucksstarken Gesichtsmerkmale zusammen betrachtest, werden sie dir verraten, wie ihr im Augenblick zumute ist.

Total entspannt

Ist dein Tier entspannt, hält es die Ohren aufrecht mit den Öffnungen dir zugewandt; seine Schnurrhaare stehen seitlich der Wangen oder leicht Richtung Kinn geneigt. Es sieht dich freundlich an, wobei die Pupillen-größe von der momentanen Helligkeit abhängt.

Vorsicht, miese Laune

Eine verärgerte Katze erkennst du daran, dass sie die Ohren zurückdreht, ihre Schnurrhaare steif nach vorn gerichtet hält und die Pupillen verengt hat. Das Tier möch-te in Ruhe gelassen werden. Also störe es jetzt nicht! Du könntest gekratzt werden.

Angst!

Weit aufgerissene Augen, erweiterte Pupillen und flach am Kopf anliegende Ohren zeigen dir, dass du es mit einer ängstlichen Katze zu tun hast. Womöglich hat sie auch ihre Schnurrhaare eng an die Wangen gepresst. Bedränge ein solches Tier auf keinen Fall! Seine Furcht könnte in Verteidigungsstimmung umschlagen.

Komm, spiel mit mir!

Ist eine Miez hingegen in Spiellaune, trägt sie die Ohren aufmerksam gespitzt. Ihre Stirn wirkt dadurch viel höher als sonst. Die Pupillen werden vor freudiger Erregung etwas weiter. Die Schnurrhärchen weisen forschend nach vorn – nicht steif, wie bei der ärgerlichen Katze, sondern sanft bogenförmig. Vielleicht fordert sie dich sogar durch drängendes Miauen oder Pföteln (also, indem sie dich mit dem Pfötchen anstupst) zum gemeinsamen Spielen auf.

Kinderspiel für Katzen

Nimm dir also ein Spielzeug (etwa eine an einem Holzstäbchen befestigte Feder) und lass' es vor dem Gesichtchen deiner Katze auf und nieder tanzen. Bestimmt verfolgt sie es mit Interesse und greift mit dem Pfötchen wieder und wieder danach, um es zu angeln. Mit bloßen Händen solltest du übrigens nicht mit deiner Miez spielen. Sie könnte dich im Eifer des Gefechts kratzen (nicht aus Absicht, nur aus Versehen) – und euer Spiel fände damit ein jähes Ende. Das wollt ihr aber sicher beide nicht.

Hundemüde

Ist deine Katze müde und herrlich zufrieden, wird sie sich an einem warmen kuscheligen Platz zusammenrollen, ihre Schnurrhaare entspannen, die Nickhaut (das ist das dritte Augenlid – das du nicht besitzt) über ihren Augapfel ziehen und die Lider mehr oder weniger fest schließen. Lass' sie jetzt ungestört dösen! Dass deine Katze beim Schlummern dennoch „auf Empfang" ist, siehst du übrigens daran, dass ihr Näschen nach wie vor schnuppert und die Ohren aufgerichtet sind.

Mit der Mieze auf der Pirsch

Beim Anschleichen auf der Jagd signalisiert das Zucken der Schwanzspitze die Anspannung.

Alle Muskelgruppen angespannt, so katapultiert sich die Miez mittels Mäuselsprung direkt vor das Mauseloch.

Auf der Mauer, auf der Lauer...

Den Körper tief geduckt, die Augen unverwandt auf eine Mulde im Gras gerichtet, jede ihrer Bewegungen geschmeidig und äußerst bedacht ausgeführt, so überquert die gewandte Jägerin die deckungsarme Fläche. Mit einem Mal stoppt sie ihren fließenden Schleichgang und verharrt regungslos – die interessante Stelle im Gartenboden nach wie vor fest im Visier. Zeitlupengleich erhebt die getigerte Kätzin nun ihre samtweiche Vorderpfote und reckt sie der Unebenheit im Untergrund entgegen; langsam, sehr langsam senkt sie diese wieder ab, so, dass ein Fußballen nach dem anderen die

Grassode berührt. Für einen Augenblick hält sie konzentriert inne – die spannenden Boden-Nachrichten regelrecht in sich einsaugend.

Beute-Scan

Die Zehen nun deutlich gespreizt beginnt die Kätzin damit, die Pfote behutsam reibend-tastend übers Gras zu bewegen, um sie anschließend auffällig sacht ganz dicht an ihren Körper heranzuführen. Die Pupillen deutlich geweitet, die Ohren gespitzt, die Schnurrhaare sichernd nach vorn gerichtet: Die Anspannung des Schleichjägers kann man förmlich knistern hören ...

Achtung, fertig ... Mäuselsprung!

Plötzlich schnellt sie vor (präsentiert einen Mäuselsprung, wie er im Buche steht) und landet – den Rücken hoch aufgekrümmt, die nadelspitzen Krallen weit ausgefahren – mit allen vieren gleichzeitig hinter besagter Mulde.

Die Augen sind auf schnelle Bewegungen aus. Das Näschen schnuppert unentwegt. Die Vibrissen orten jeden noch so feinen Lufthauch. Dann: Ein Sprung zur Beute – Zugriff mit den Krallen – und (da die Augen auf so geringe Entfernung nicht mehr scharf sehen und keine exakte Tiefenwahrnehmung mehr gewährleisten können) punktgenaue Positionsbestimmung für den tödlichen Biss in den Nacken der Beute mittels Vibrissen.

Zähneklappern

Beim Anblick einer Beute, die gerade nicht zu erreichen ist, machen Katzen manchmal meckernd-schnatternde Geräusche, indem sie ihr Mäulchen leicht öffnen, die Lippen zurückziehen, und die Kiefer schnell öffnen und schließen. Das Zähneklappern ist eine sogenannte Übersprungshandlung, die vermutlich zum Spannungsabbau dient.

Ansitzjagd – ihre Geduld ist fast grenzenlos…

Erregt beschnuppert sie dort die Grashalme, danach zieht sie von dannen. Auch wenn die Katze diesmal keinen Erfolg hatte, so war's ein willkommenes Training für ihre Muskeln und Sinne.

Ein Ausflug ins Jagdrevier

Auf der Jagd nach Beute durchstreifen Katzen das Gelände mit hellwachen Sinnen. Von Zeit zu Zeit halten sie inne, um das unmittelbare Umfeld abzuscannen – mit den Augen ebenso wie mit dem Näschen und den Ohren. Haben sie etwas Interessantes entdeckt, fixieren sie mit den Augen und schleichen sich an. Pirschjagd nennt man das.

Geduldig am Mauseloch

In bekannter und vertrauter Umgebung machen es sich Katzen oft bequemer und lauern lieber. Ganz gezielt, beispielsweise vor einem Mausloch. Diese Ansitzjagd kann dauern. Eine halbe Stunde ist keine Seltenheit. Doch Katzen beweisen hierbei enorme Geduld. Vorsichtig setzen sie sich vor dem Loch in Position und warten gespannt auf erste Anzeichen einer Regung. Die Öhrchen peilen und sondieren (auf hohe Töne reagieren sie besonders exakt).

Ein typischer Fall von Schnattern – die Beute ist einfach unerreichbar!

Vergnüglich bis ruppig
Katzenspiel

Das Spiel mit der Beute

Mit dem Beutetier zwischen den Kiefern trottet die Katze nach erfolgreicher Jagd an einen geschützten Ort, um es dort in Ruhe zu verspeisen. Allerdings wird nicht immer gleich gegessen. Nicht selten greifen Katzen ihre Beute zwar mit den Krallen und halten sie mit der Pfote fest, töten sie aber nicht gleich, sondern lassen sie ein Stück weit entkommen, nur, um sie gleich wieder mit einem Pfotenhieb umzustoßen, oder mit beiden Pfoten zu umklammern und in die Luft zu schleudern. Grausam und zugleich spielerisch mutet dieses Verhalten an. Man nimmt an, dass es vor allem bei Jungkatzen dazu dient, die Körperfertigkeiten zu koordinieren und auf diese Weise die jagdlichen Fähigkeiten zu perfektionieren.

Schon die ganz kleinen Katzenkinder trainieren im Spiel mit den Geschwistern ihre Geschicklichkeit.

Wiederbelebt

Manche Katzen üben wirklich. Andere scheinen die Beute eher als eine Art lebendes Spielzeug zu betrachten, das sich bewegt, flüchtet und herrlich anregend quiekt.

Da Hunger und Jagdlust – so konnte man anhand wissenschaftlicher Untersuchungen bestätigen – in unterschiedlichen Hirnarealen der Katze generiert werden, stehen beide nicht zwingend in direktem Zusammenhang. Das heißt: Katzen jagen auch, wenn sie satt sind. Sie lassen ihre Beute oft vor Ort liegen oder sie erwecken (damit das Ganze unterhaltsam bleibt) diese immer wieder zum Leben, indem sie das Tier freilassen. Unbewegtes „Spielzeug" ist langweilig und macht einfach keinen Spaß.

Rasant und zackig

Katzen lieben schnelle Bewegungen mit abrupten Richtungswechseln, auch beim Spiel mit Artgenossen oder Menschen. Mamas zuckender Schwanz löst schon bei den Allerkleinsten entzückte Hüpforgien aus, um ihn zu fangen und darauf herumzukauen. Katzen tippen sich sogar mit den Pfoten gegenseitig spielerisch ins Gesicht – das kann jedoch schnell sehr derb werden und in echte Keilereien ausarten: mit Ohrfeigen verteilen, wütendem Fauchen und einander Nachsetzen. Nun ist Schluss mit lustig, eine echte Auseinandersetzung ist in vollem Gang.

Wenn die Stimmung kippt

Im Spiel werden Verhaltensweisen ein-
geübt, die aus den Bereichen Jagd,
Kampf und Fortpflanzung stammen.
Katzen sind recht unabhängig und
haben Instinkte, die nicht darauf abzie-
len, in einem großen Rudel mit fein
abgestufter sozialer Hierarchie allzeit
geplänkelfrei zusammenzuleben.
Daher kann es leicht passieren, dass
aus freundschaftlich motivierten Spiel-
aktivitäten unvermittelt Ernst wird.
Trotzdem gibt es auch unter den Stu-
bentigern Vertreter, die sich bis weit
über das Welpenalter hinaus, ja mitun-
ter zeitlebens, großartig verstehen,
und die, so könnte man den Eindruck
gewinnen, permanent miteinander
kuscheln und Kontakt liegen. Nur miteinander balgen sieht man solche Paare
so gut wie nie. Vielleicht, weil sie wissen, wozu gemeinsames „Spielen" führen kann? Sie lecken sich stattdessen
lieber gegenseitig.

Zu Trainingszwecken

Oh wie süß!?! Die turbulente Hatz auf
Schnüre, nach Bällen angeln oder nach
aufgehängten Leckerchen springen ist
keineswegs nur drolliges Spiel, es grün-
det auf nichts anderem als auf dem
natürlichen Jagd- und Kampfverhalten.
Unseren Miezen ist jedes Mittel recht,
um regelmäßig ihre Reflexe zu trainieren und Balance, Schnelligkeit und
Beweglichkeit zu verbessern – und
dabei auch noch ordentlich Spaß zu
haben.

*In einem Rudel, das gut
harmoniert, spielen selbst
die erwachsenen Mitglieder
gern miteinander. Meist
sind die Spieleinlagen nur
von kurzer Dauer.*

Keine Angst vor großen Höhen

Kinderspiel

Schnurstracks auf den höchsten Baum, ein Sprint über schwankende Äste, ein Seiltanz über schmale Staketenzäune oder ein Spaziergang durch zerbrechlichen Nippes, all das fällt selbst einer älteren Katze kinderleicht. Denn mit einem geschmeidigen Körper voller Tasthärchen und mit flinken Füßen, die sich schlagartig von samtweich in steigeisenartig verwandeln können, kommen Katzen fast mit jedem Untergrund spielend zurecht. Zudem besitzen sie ein bemerkenswertes Gespür fürs Balancehalten, das es ihnen erlaubt, Hochseilakte zu meistern, von denen wir nur träumen können.

Die Sache mit dem Gleichgewicht

Ihr extrem leistungsstarkes Gleichgewichtsorgan – mit Sitz im Innenohr – ist dafür verantwortlich. Dieses Sinnesorgan ist es auch, das es Katzen ermöglicht, sich während eines Sturzes aus größerer Höhe mittels sogenanntem „Stellreflex bei freiem Fall" wieder zu stabilisieren; das heißt, ihren Körper in der Luft derart herumzuschleudern, dass sie schließlich sicher auf allen vieren landen (und sich dabei meist überhaupt nicht oder zumindest weniger stark verletzen, als dies beispielsweise Hunde tun würden). Normalerweise würde nämlich, der Schwerkraft folgend, der schwerste Körperteil zuerst unten ankommen, also ihr Rückgrat.

Fallen will gelernt sein

Dieser spezifische Reflex ist nicht von Geburt an vorhanden. Er entwickelt sich erst im Verlauf der sechsten Lebenswoche. Bis zu dieser Lebensphase (sowie geraume Zeit danach) haben die jungen Katzen kein sicheres Gefühl für Tiefe, vor allem, weil ihr räumliches

Ihr Sinn für Balance könnte Grund dafür sein, dass es Katzen beim Autofahren selten schlecht wird.

Katzen entwickeln ein unglaubliches Geschick, sich Zugang zum Haus zu verschaffen, notfalls auch übers Dach.

Sehvermögen noch nicht voll ausgereift ist. Außerdem ist ihr Schwänzchen zu dieser Zeit ziemlich ungelenk und nicht gut geeignet zum kräftigen Gegensteuern. Ihre winzigen Krallen sind recht weich, sodass sie schlecht Halt finden. Eine ziemlich gefährliche Zeit für sie. Doch meist wagen es die Kleinen noch nicht, sich weit vom Nest zu entfernen. Und auch die Fürsorge der Mutter hilft, Schaden abzuwenden.

Schon in Mamas Bauch beginnt der Betrieb

Der Gleichgewichtssinn entwickelt sich schon wesentlich früher zu katzentypischer Perfektion. Zum Zeitpunkt der Geburt arbeiten die hochsensiblen Sinneszellen des Gleichgewichtsorganes eines Katzenbabys bereits auf Hochtouren. Gilt es für das winzige Lebewesen doch gerade jetzt, schnell Kenntnis über seine Lage im Raum zu erhalten. Ohne tadellos funktionierenden Gleichgewichtssinn wäre das Neugeborene dem Tode geweiht. Wie sonst könnte es seinen Körper aufrecht halten und zielgerichtet die Milchquelle ansteuern? Interessanterweise bleibt diese Sinnesqualität bis ins hohe Alter nahezu unverändert gut erhalten.

→ **Bereit zur Landung**

Zeitlupenaufnahmen zeigen, dass eine Katze, während sie in die Tiefe stürzt, zunächst den Kopf anhebt, ihr Gesicht dem Boden zuwendet und den Hinterleib entsprechend nachdreht, womit sie ihren gesamten Körper in die Waagerechte bringt. Der Schwanz dient dabei einerseits als eine Art Kurbel, andererseits als Gegengewicht. Zunächst hält die Katze ihre Beine dicht am Rumpf. Kurz vor der Landung streckt sie sie nach unten und wölbt gleichzeitig ihren Rücken auf. So kann sie den Aufprall abfedern.

Rauf geht es viel leichter als runter. Ein bisschen ängstlich ist der kleine Kater schon, denn er traut sich nicht abzuspringen. Nun muss er solange rückwärts hangeln, bis er sich den Satz zutraut.

Katzensenioren

Erst bei sehr alten Katzen lässt die Leistungsfähigkeit des Gleichgewichtsorgans etwas nach, sodass die Tiere häufiger stolpern oder sich bei früher problemlos gemeisterten Balanceakten unsicher zeigen – sicher auch, weil in diesem Lebensalter andere Sinnesorgane an Leistungskraft einbüßen und sich verschiedene körperliche Gebrechen einstellen. Spätestens dann muss der Halter das Umfeld seiner Katze seniorengerecht gestalten.

Das hintere Ende sagt fast alles ...

Stimmungsbarometer Katzenschwanz

Der Schwanz dient als Balancierstange und hilft der Katze, das Gleichgewicht zu halten. Doch das ist nur die halbe Miete. Denn der Katzenschwanz ist auch ein hervorragendes Kommunikationsmittel. Was er ausdrückt, verstehen nicht nur andere Katzen, sondern auch wir. Denn aus der Haltung und Bewegung des Schwanzes lässt sich durchaus ablesen, was die Stunde geschlagen hat.

Schlägt die Katze mit dem Schwanz, kann es sich um einen emotionalen Konflikt handeln oder um starkes Interesse an einem Jagdobjekt.

Zufrieden bis äußerst gut gelaunt

Eine entspannte, zufriedene und aufmerksame Katze, die ihr Revier inspiziert, hält ihren Schwanz locker, meist leicht nach unten geneigt mit der äußersten Schwanzspitze nach oben weisend. Erregt etwas ihr Interesse, krümmt sie den Schwanz nach oben. Gleicht er dabei einem Fragezeichen, ist die Miez bester Laune und sehr begierig darauf, das Entdeckte zu untersuchen.

Beim Spritzharnen

Hin- und hergerissen

Kann die Katze das, was sie entdeckt hat, nicht unmittelbar einschätzen, beginnt sie mit der Schwanzspitze zu zucken. Dabei bewegt diese sich schnell und ruckartig hin und her. Die Katze ist buchstäblich hin- und hergerissen, welche Entscheidung sie treffen soll. Die Eindrücke erschrecken sie vielleicht, wecken aber gleichzeitig ihre Neugier.

Dieses Schwanzwedeln drückt keineswegs Freude aus, doch auch nicht zwingend Angriffsbereitschaft. Die Katze befindet sich in einem emotionalen Konflikt. Klärt sich die Situation, und die Mieze hat das Geschehen eingeordnet, hört das Wedeln sofort auf.

Drohender Angriff

Wird das Schlagen des Schwanzes jedoch ausholender, geradezu peitschend, und betrifft nicht mehr nur dessen Spitze, spricht dies für höchste Erregung. Nun ist tatsächlich Ärger im Spiel, der sich möglicherweise zu Aggression hin steigern kann. Ein Angriff ist nicht ausgeschlossen.

Gebogen wie ein Lämmerschwanz

Auch der sogenannte Lämmerschwanz ist ein Anzeichen dafür, dass sich die Katze in einer Konfliktsituation befin-

det (Misstrauen, Verunsicherung). Der Schwanz ist hierbei an der Wurzel gestreckt und knickt dann abrupt fast senkrecht nach unten ab. Wenn nun die Spitze zu zucken beginnt, und das Tier seine Hinterhand anzuheben scheint, verheißt das nichts Gutes. Die Katze ist zwar ängstlich, aber auch in einer Droh- oder Abwehrhaltung.

Gesträubt wie eine Flaschenbürste

Fühlt sich eine Katze stark bedroht, verändert sie nicht nur die Haltung ihres Schwanzes. Die Schwanzhaare richten sich nun auf. Ist sie kampfbereit, sträuben sich alle Haare entlang der Wirbelsäule, und der Schwanz, der dann einer Flaschenbürste gleicht, wird aufwärts gerichtet. Alles nur, um möglichst groß und damit furchteinflößend zu wirken.

In Angst und Schrecken

Wurde eine Katze in Angst und Schrecken versetzt – befindet sie sich also in einer Defensivposition –, stehen ihr sämtliche Haare zu Berge, nicht nur die am Schwanz und entlang der Wirbelsäule. Hält sie ihren Schwanz jetzt in einem Bogen über dem Körper, deutet dies auf beginnende Aggression hin. Ist er dagegen nach unten gesenkt, bedeutet das Furcht. Zur völligen Unterwerfung kann eine Katze ihren Schwanz sogar zwischen die Hinterbeine klemmen.

Hallo, mein Freund!

Begegnet die Katze einer befreundeten Katze oder ihrem Besitzer, sieht die Antwort anders aus. Augenblicklich reckt sie den Schwanz steil in die Höhe. Sinn dieses Verhaltens ist es, ihrem Gegenüber die Chance zu geben, bequem den Analbereich zu

beschnuppern und sich der gegenseitigen Verbundenheit zu versichern. Anschließend streichen beide Katzen aneinander vorbei und lassen sich gegenseitig die Schwänze über Rücken und Schwanz gleiten. Ebenfalls zum Geruchsaustausch. Das Pendant bei der Begrüßung des Menschen ist das Um-die-Beine-gleiten-lassen ihres Schwänzchens.

Oben: Der peitschende Schwanz des jungen Männchens zeigt, dass es ihm ernst ist. Seine Mutter sieht's gelassen.

Unten: Mit aufgerichteten, umschlungenen Schwänzen signalisieren sich die beiden: „Alles ist gut."

Was der Katzenkörper preisgibt

Katzbuckeln und andere Gebärden

Der Katzbuckel: Schon die Kleinen zeigen ihn. Er dückt Erregung, Furcht und Übermut aus.

Eine Katze, die sich freut, „wächst" und wird kürzer. Eine, die lieber gar nicht da wäre, schrumpft und wird länger.

Katzenbuckel oder krummer Rücken?

Schon als Kitten bewegen sich junge Miezen, während sie ausgelassen miteinander spielen, katzbuckelnd (teils mit gesträubtem Fell) und manchmal seitwärts hüpfend durchs Gelände. Es sieht nach Übermut aus, aber auch nach ein wenig Furcht. Und so ist der eigentliche Katzenbuckel tatsächlich begründet: Er entsteht immer dann, wenn die Katze einerseits den Willen hat, sich zu verteidigen beziehungsweise anzugreifen, obwohl ihr dabei nicht ganz wohl in ihrer Haut ist. Eine Katze, die sich bedroht fühlt, richtet sich mit ausgestreckten Beinen auf und sträubt die Haare über dem Rücken und am Schwanz (Imponiergehabe bzw. Angriffsstellung), gleichzeitig weicht sie mit den Vorderbeinen leicht zurück und krümmt ihren Rücken zu einem kopfstehenden U (Angstgebärde). Den freundlichen „Krummrücken", den unsere Miezen zeigen, wenn sie um unsere Beine streichen und um Zuwendung bitten, ist selbstverständlich kein Katzenbuckel. Das ist bloß Schmeichelei. Denn alle Härchen liegen flach am Körper an und in der Hinterhand herrscht keine erhöhte Muskelspannung.

Aggressive Katzen stellen außerdem die Rückenhaare über der Wirbelsäule auf und legen den gesträubten Schwanz zu einem Bogen, sodass sie noch imposanter wirken. Man zeigt halt alles, was man zu bieten hat.

Zusammengeschrumpft

Ängstliche, wenig selbstbewusste oder unterlegene Katzen schrumpfen dagegen geradezu in sich zusammen, um möglichst winzig zu erscheinen, und um beim Gegenüber bloß keinen Angriff zu provozieren. Am liebsten wären sie unsichtbar.
Beim Davonschleichen, das äußerst langsam vonstatten geht, machen sie sich möglichst flach und lang, wobei ihr Bauch beinahe den Boden berührt. So robben sie – ebenfalls in Zeilupe – von der Bildfläche. Beim Rückzug senken sie deutlich den Kopf und schauen ihrem Widersacher nicht ins Gesicht. Also Kopf einziehen und nur niemanden reizen oder ärgern, lautet die Devise, um einer drohenden Eskalation aus dem Weg zu gehen.

Selbstbewusst schreitet dieses wenige Wochen alte Kätzchen über den Hof – das Schwänzchen reckt es dabei zur Begrüßung in die Höhe.

Auf ihrem Rückzug hat sie sich ängstlich abwartend an ein verschwiegenes Örtchen gekauert.

Die Größe macht's

Katzen, die einen Angreifer abschrecken wollen, machen sich möglichst groß – sie strecken ihre Gliedmaßen durch, richten ihren Körper auf so gut es geht und stellen das gesamte Fell ab, in der Hoffnung ihren Widersacher zu täuschen, damit dieser von einer Attacke absieht. Da ihre Hinterbeine länger sind als die Vorderbeine, wirken sie dabei am Po wesentlich höher als im Nacken. Generell signalisieren gestreckte Beine und ein aufrechter Gang mit erhobenem Kopf Sicherheit und Souveränität, gelegentlich auch Angriffsbereitschaft.

Katzen-Mimik

Entspannt – Gespannt

Ganz ent-spannt

Eine entspannte Katze, die ihre Umwelt beobachtet. Ihre Ohren sind gespitzt, die Augenlider und Pupillen nur soweit geöffnet wie es die Helligkeit und ihr Aufmerksamkeitszustand erfordern. Die Vibrissen hält sie dabei locker und entspannt.

Wo ist das Heupferdchen?

Steigt das Interesse der Katze , wird auch die Anspannung des Tieres stärker – die Ohren richten sich mit den Öffnungen nach vorn, Augen und Pupillen weiten sich, die Vibrissen kippen weit nach vorn in Richtung des Heupferdchens, das die Aufmerksamkeit der Katze erregte. Die Katze fixiert die Beute mit allen Sinnen, bevor sie die Anspannung mit einem gezielten Satz löst und mit den Pfoten präzise zupackt.

Was für ein Blick

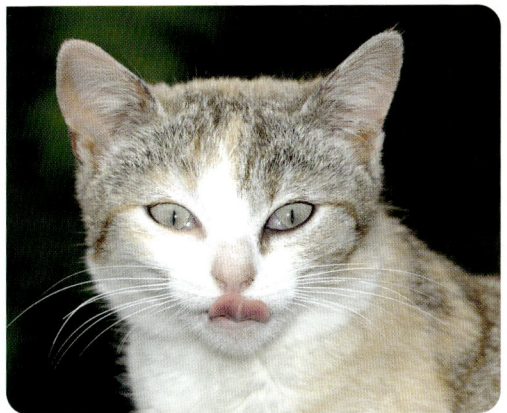

Bin harmlos

Eine typische Beschwichtigungsgeste: Die Öhrchen sind aufgerichtet, die Augenlider etwas gesenkt, die Pupillen eher klein und das Tier blinzelt. Die Vibrissen stehen dicht, sind eher starr ausgerichtet und bilden ein möglichst unauffälliges Band. Die Zunge leckt beschwichtigend über die Lippen. Diese Katze ist etwas ängstlich, unsicher oder nervös und möchte das Gegenüber keinesfalls provozieren. Am liebsten wäre sie gar nicht da, dementsprechend klein und flach macht sie sich auch.

Müder Tiger?

Gähnen nach Herzenslust: Diese Mieze führt mit ihrem weit aufgerissenen Mäulchen nichts Böses im Schilde. Sie ist einfach nur super gut drauf. Sie lümmelt sich in einem leeren Blumenkasten und macht dabei allerhand Faxen. Auch Katzen können albern sein!

Dicke Backen?

Große Augen

Weit geöffnete Pupillen deuten eigentlich auf Angst oder Erregung hin, sind die Ohren aber gleichzeitig gespitzt (wie hier), ist die Katze eher aufmerksam als ängstlich. Denn auch allgemeine Erregung oder die Dämmerung können zu erweiterten Pupillen führen. Das füllige Gesicht dieses potenten Katers kommt übrigens durch seine Geschlechtshormone zustande und ist nicht etwa ein Ausdruck von drohendem Abwehrverhalten.

Katzenknatsch

Gegenseitiges Anstarren, die Ohren zurückgedreht, die Vibrissen starr und vorgeklappt: Hier liegt Ärger in der Luft! Wie es weitergeht, hängt von den beiden Kontrahenten ab: Entweder schleicht sich einer von dannen oder es gibt eine handfeste Rauferei unter Katzen, wobei ordentlich Backpfeifen ausgeteilt werden.

Bildnachweis

144 Farbfotos wurden von Karl-Heinz Widmann für dieses Buch aufgenommen. Weitere Farbfotos von Doreen Baum/Picani (3; S. 56 oben, 56 unten rechts & links); Silke Klewitz-Seemann/Picani (3; S. 57 Mitte rechts beide, 57 unten links), Kerstin Lührs/Picani (2; S. 10, 53 rechts), Annie Sommer/Picani (1; S. 57 oben), Alexandra Wernsmann/Picani (1; S. 57 Mitte links), Ralf Widmann (1; S. 47 Mitte).

Impressum

Umschlaggestaltung von eStudio Calamar unter Verwendung von zwei Farbfotos von Karl-Heinz Widmann.

Mit 159 Farbfotos.

> Alle Angaben in diesem Buch erfolgen nach bestem Wissen und Gewissen. Sorgfalt bei der Umsetzung ist indes dennoch geboten.
> Der Verlag und die Autorin übernehmen keinerlei Haftung für Personen-, Sach- oder Vermögensschäden, die aus der Anwendung der vorgestellten Materialien und Methoden entstehen könnten.

Unser gesamtes lieferbares Programm und viele weitere Informationen zu unseren Büchern, Spielen, Experimentierkästen, DVDs, Autoren und Aktivitäten finden Sie unter **kosmos.de**

Gedruckt auf chlorfrei gebleichtem Papier

© 2009, Franckh-Kosmos Verlags-GmbH & Co. KG, Stuttgart
Alle Rechte vorbehalten
ISBN 978-3-440-11757-6
Redaktion: Alice Rieger
Gestaltungskonzept: solutioncube GmbH, Reutlingen
Gestaltung & Satz: Atelier Krohmer, Dettingen/Erms
Produktion: Eva Schmidt
Printed in Germany / Imprimé en Allemagne

FSC
www.fsc.org
MIX
Papier aus verantwortungsvollen Quellen
FSC® C022125

Register

Meine Serviceseite

Zum Weiterlesen

Bailey, Gwen: **Was denkt meine Katze?** Kosmos 2005.

Grimm, Hannelore. **Kätzchen.** Kosmos 2007.

Halls, Vicky: **Die Katzenflüsterin.** Kosmos 2007.

Lauer, Isabella: **Populäre Irrtümer über Katzen.** Kosmos 2007.

Leyhausen, Paul: **Katzenseele.** Kosmos 2005.

Metz, Gabriele: **Katzenrassen.** Kosmos 2006.

Metz, Gabriele: **Katzen – Was Samtpfoten glücklich macht.** Kosmos 2008.

Seidl, Denise: **Mit Katzen leben.** Kosmos 2007.

Seidl, Denise: **Wenn meine Katze Probleme macht.** Kosmos 2008.